跨界思考的技術，改變世界的力量

What Elephants and Epidemics Can Teach Us About Innovation

梅迪奇效應

2018年經典修訂版

在不同領域、不同人、不同文化的交會點，創意會在交流與激盪中不斷發生。
只要能了解讓創造力勃發的原則，掌握將新構想落實為突破性創新的方法，
人人都能引爆梅迪奇效應！

THE MEDICI EFFECT

法蘭斯・約翰森 *Frans Johansson* —— 著 劉真如 —— 譯

目錄 CONTENTS

〔推薦序〕

世界越緊密，梅迪奇效應越重要

二〇〇一年春季的某一天，我坐在哈佛商學院（Harvard Business School）的辦公桌後，抬頭看到法蘭斯．約翰森（Frans Johansson）站在門口，他是我兩年前開創造力課程時的得意門生。我很高興看到他，因為他離開哈佛商學院，努力推動他夢想中的軟體新創事業時——離完成管理碩士學程只差一學期——我以為他永遠不會回頭了，但是現在他回來了，還再度註冊，希望拿到學位。瘦長的約翰森臉上掛著註冊商標式的熱情笑容，在椅子上坐下來，提出一個常見的要求，問我可否擔任他一項獨立研究計畫的顧問？我以為，他的計畫像大部分學生一樣，跟制訂另一個新創企業的事業計畫有關，但是我錯了，他的提案是我經驗中絕無僅有的提議。他的構想是寫一本跟創造力有關的書，這個構想他一直揮之不去，讓他覺得必須採取行動。我寫過好幾本跟創造力有關的書，因此我在他涉入新領域時，能否在專業知識上助他一臂之力？我好奇之餘，請他說明白一點。

他那天描述的大夢想變成他傑作《梅迪奇效應》中的核心理念：突破性創意出現在不同領域、構想、人物和文化的交會點上。他一懷上這個想法後，處處都看到「交會點創意」的事例。他告訴我一個又一個的故事，都跟他和科學、藝術、企業、餐飲和很多其他領域人士接觸，得知他們用最初看來離奇的方式，把不同事物結合在一起，進而獲得突破有關。他說的故事令人嘖嘖稱奇，他寫這本書的決心極為堅定，我意識到他要推動重大功業，因此同意督導他的獨立研究計畫，卻對這個計畫的可能走向一無所知。

結果這個計畫發展成改變遊戲規則、探討創新的經典論述。不錯，創造理論的文獻中，的確有著創新出自新穎、意外事物融會貫通的說法，也有一些研究單位的實驗顯示這種說法正確無誤，但是，就我所知，沒有人深入現實世界，針對跨領域創新的現象進行田野調查，探討這種現象表現出來的狀況，研究這樣對創新實際上有無重大影響，沒有人為文說明實際上應該怎麼做。約翰森決心深入探究，花了整整兩年時間，拚命閱讀，跟願意聽他說話的人討論，還到世界各地訪問全球最善於創新的個人和團隊，寫出他們令人讚歎的事跡，整合所有的故事，完成這本驚人鉅著。

《梅迪奇效應》的核心信念是多樣性會促進創新，約翰森說明把不同領域、學科、產業和文化的構想融匯在一起，會如何增進發明絕佳事物的機率，以及其中的原由。在發展這些理念所需要的辛苦研究之外，約翰森也把這些理念栩栩如生的表現出來，他舉出的例子橫跨全世界，列出眾多令人拍案叫絕的交會點，跨越烹飪、遊戲、音樂、神經科學、數學和建築學等領域。

約翰森證明一旦我們訓練自己，擺脫習慣性看待各種觀念的方式，不再用單向、直線式、非黑即白的方式看事情，就可以看出到處都有交會點。他也證明一旦我們駕馭交會點的力量，就會創造出簡直可以說是革命性的結果。《梅迪奇效應》一書從二〇〇四年出版以來（按：中文版於二〇〇五年首次出版），已經澈底改造全世界企業領袖與專家思考創新的方式，啟發學生、建築師、科技專家、科學家、企業領袖、高階經理人以及無數其他人士，擺脫舒適區，擁抱不確定是創造新產品、程序與構想必要工具的觀念。

我在哈佛商學院裡，親眼看到這一點對學生的影響，我在班上指定閱讀《梅迪奇效應》

時，學生都會從約翰森親自到場評述中受益良多。很多學生告訴我，這些年來，他們怎麼把他的理念和技術，用在建立自己的事業，或用來創造新產品和服務上。知道這本書用在世界多所大學，包括加州大學柏克萊分校（University of California, Berkeley）和新加坡管理大學（Singapore Management University）的課程中，我絲毫不以為奇。我拜訪企業、在創新研討會上致詞時，對這本書的影響似乎一年大過一年，都會深感驚異，這本書影響各界領袖對諸多領域——從組織內部的多元融合，到世界經濟發展——的思考方式。

我預期這本書的影響力會與日俱增，本書二〇〇四年初版時，人們越來越常談到全世界的關係會越來越緊密，卻很少有人想像到，今天全球的連結會進展到範圍這麼廣大、規模這麼驚人。例如臉書（Facebook）當時才剛剛在哈佛商學院隔河對岸的學生宿舍裡發明出來，約翰森跟我第一次討論類似的構想時，領英（LinkedIn）甚至還沒有出現。他的書探討如何發現、探索和盡量運用我們現有最不尋常的關係。對於了解建立人際關係之間，更重要的是，對於了解怎麼做最能夠讓背景截然不同的人士建立關係之間，蘊含龐大力量的人來說，現在正是有史以來最有希望的時刻。

今天《梅迪奇效應》甚至比十三年前更適用，因此正是再度推出的大好良機。全世界的工作設定遠比過去多元化，人際互動越來越超脫地理、文化、領域和學科的界限。為了跟上世界看來正在急速向前衝刺——衝向成為無摩擦、資訊導向、連結交織的場域——的步調，領導者們必須打破隔絕眾人合作意願與能力的深井，本書正好就是在說明二十一世紀領袖確切該有的做法。

回想二〇〇一年春季，我懷疑約翰森的管理碩士班畢業同學中，有誰會把他當成作家看待，大家都知道約翰森是企業新秀、是懷有雄心壯志又積極行動的人才，他的同學大都擁抱財源滾滾的金融或顧問生涯，他決心遵循自己的熱情，針對大致上未經探索、無從證明的主題寫作，讓很多同學深感訝異，我卻深信曾被《梅迪奇效應》觸動的無數企業、組織、政府和領導者，對他的行動都會覺得歡欣鼓舞。

德瑞莎．艾瑪波（Teresa M. Amabile）

謹誌於哈佛商學院

〔自序〕

意外的交會點之旅

一、交會點有無限可能

有些構想會緩緩流入腦海中，穩定的醞釀，有些構想會像頓悟一樣，快速湧進腦海裡，本書背後的理念屬於後者。二〇〇一年三月的某一天早上，我醒來時，腦中留著鮮明的影像，影像很簡單，是兩道明亮的光束交會在一起，但我關注這個影像的原因卻一點也不簡單。

在我的心眼中，這兩道光束不像你所看到的手電筒或雷射光，不只是代表光而已，每一道光束都代表不同的領域或文化。我更專心看時，可以看到每道光束都充滿比較小的碎片，就像你在跟原子或分子有關的紀錄片中看到的一樣。這些碎片在空中飄浮，互相碰撞，每一個閃閃發亮的原子或分子，都代表特定的知識片段，或特定領域中獨一無二的觀念。

幾秒鐘內，有一些事情變得豁然開朗。第一件事情是：如果新構想如我思考和研究的那樣，是現有構想的結合，那麼在這個影像裡，你可以輕易看出新知識是怎麼創造出來的。構想和觀念不斷碰撞時，偶爾會黏在一起，形成新的組合，這些新構想可能進而形成別的組合。第二件事情是：如果事情像我偶爾聽別人說的創意規則一樣，比較多的構想會帶來比較好的構想，那麼兩個領域的交會點應該對創新有利，因為這樣不是把每個領域中的所有構想相加在一起，而是相乘，新構想組合出現的可能性應該會以指數的方式增加。

我最後的這點領悟是個中關鍵，如果你能夠提升交會點上的創新，就可以解釋我想了一輩子的想法，就是如果我們融匯各種角度、領域、文化和背景，就最有機會想出絕佳的新構想。這幅影像留在我腦中的時間不到一分鐘，卻決定了我一輩子的生活。

二、潛在的巨大力量

我絕不是第一次想到：不同領域或文化的交會點對新構想極為有利。我自己的背景一直提醒我這種現象，因為家父是瑞典人，家母是非裔美國人和北美印第安契羅基族（Cherokee）的後裔，我一輩子都活在國家、文化與族裔的交會點上，見過雙親融合和協調出自不同背景的構想、創造新傳統和新識見的無數例子。

我到後來上大學時，才領悟到結合不同領域和學科的構想，可以產生龐大的力量，因此創辦了一本跨科際的科學雜誌，名叫《觸媒》（*The Catalyst*）。因此，創新交會點的念頭在我腦海中已經盤桓多時，但是那天早上的影像大不相同，是我第一次能夠解釋交會點何以可能這麼有力。這種認知開始占滿我的腦海，因此我很快就決定，要移轉注意力，最好的方法是寫書，我開始訪問各行各業的創新人士，包括全球各地的藝術家、設計師、科學家和企業家，而且持續研讀幾十年來和創意與創新有關的研究報告。

我很快就求助於艾瑪波教授，幾年前我上哈佛商學院時，曾經上過她開的創造力課程，當時世界上新創企業的大好機會爆炸，我也在自己的軟體公司起飛時輟學，離開哈佛。但是，到了網路股崩盤後的現在，我希望重回學校，完成最後一學期的學業，也想知道她是否願意指導我進行這項獨立研究。

她同意我的請求，於是我在她的指導下，開始撰寫後來變成本書前幾個章節的文字。到我快要畢業時，我很清楚，我會很難按照自己財務上的要求，接受工作的邀約，因為寫這本書需要太多的時間。我必須找到出版商，聯絡別人推薦給我的出版代理人。但不幸的是，我籍籍無名，名下沒有任何著作，因此我決定把出版企劃案投寄給我最先選定的哈佛商學院出版部（HBS Press，當時的名稱是這樣），看看會不會有結果。我探問過的每一個人（艾瑪波是特別的例外）都說這個企劃案絕對行不通，哈佛商學院有一大堆教授都沒辦法透過這家出版社出版他們自己寫的書。

但是我的提案居然過關，收到哈佛商學院出版部的出版邀約時（他們利用電子郵件，在我畢業前一天提出邀約），我終於開始覺得，這種交會點構想的力量，可能比我想像的還大，不然為什麼哈佛商學院要推這本書？

三、醞釀

如今我大約每隔兩星期左右，就會收到有志寫作的人來信，要我提供一些怎麼開始著手進行的建議，來信的人可能是白髮斑斑的老手企業執行長，也可能是還在念書的大學生，但是我總是告訴他們四件事：（一）只要你有什麼構想，就要開始寫作——開始時不會有魔法，魔法會在結束時出現；（二）這件事比你想像的還難；（三）找出核心構想，堅守不移，否則你的書會亂成一團；（四）不能保證你的書一定會成功（美國每年要出版十幾萬本書），因此要確定自己真的想寫書。

這些建議當然只是反映我自己的經驗，但是大致可以摘要說明後面的事情。到二〇〇四年秋天《梅迪奇效應》上市時，我已經快要崩潰了，但實際上，我當然沒有變成這樣。起初，我認定這整個志業的成功標準是：在這個領域中，我極為尊敬的人會認為我的書有價值。實際上，這種情況幾乎立刻出現，艾瑪波教授發了一篇讚歎有加的書評，當時我心目中另一位知識上的英雄克雷頓・克里斯汀生（Clayton Christensen），發了一封電子郵件，說這本書是「我讀過跟創新管理有關最有見識的書籍之一。」因此，我的標準自然改變，改為尋找立即性的影響，尤其是亞馬遜公司（Amazon）的銷售量或銷售排名（每一位作者的壞毛病）。

這本書起初賣不動，其實哈佛商學院出版部在同一個月裡，出版了另外兩本跟創新有關的書籍，一本是克里斯汀生的大作，另一位作者在公共電視台有自己的電視節目，對於像我這樣籍籍無名、第一次出書的人來說，這種情形根本不是理想的情境。但是在書籍方面，大家很容易受到跟成功有關的觀念愚弄，因為我們已經習於拿書籍的銷售量跟電影票房相比，大家極為注重電影推出第一週或頭兩週的票房成就，也很容易利用相同的標準，判斷書籍的成功與否，我當然也是這樣。但是書籍和電影不同，從某種角度來看，像《梅迪奇效應》這種書的長期影響，可能要花好幾年才能看出來。大家是依自己的步調看書，再按照自己的步調實踐從書中得到的構想。實際情形似乎正好就是這樣，因為外界顯然有一些事情正在醞釀。

幾個月過去後，企業開始希望我去發表和創新有關的演講，我開始看到越來越多人討論這本書裡的想法。事後回想，我曾經基於某種奇怪的理由，相信這本書的核心讀者應該是科學家，當時（現在仍然如此）很多人探討跨際科學，而且我在第二章裡，用了一句殺手級引述，就是出版著名《科學》（*Science*）雜誌的美國科學促進會（American Association for the

Advancement of Science）執行長雷希納（Alan Leshner）所說的一句話「分科科學已經死亡。」唉，我實在是大錯特錯，或者我可能應該說，我實在是後知後覺。這本書最後確實擁有一群科學家的讀者，但是所花的時間比我想像的長多了，本書第一批真正可以看出來的讀者群，是我根本預料不到的族群——多元化長（chief diversity officer）。

四、多元融合

本書上市後不久，我接到耐吉公司（Nike）負責多元融合事務的副總裁吉娜・華倫（Gina Warren）的電話，她急於推動公司在這些領域中思考方式的再定位，促使公司在設計、創造和創新方面，變成遠比現在積極主動的推手。她認為，《梅迪奇效應》在這種討論中，可以提供完美的架構和指引，她問我，能不能參加耐吉公司的高階經理人領導委員會，分享我的識見？

我說，噢，沒問題，但是他們必須等我，因為我要到巴黎發表演講，還要去斯德哥爾摩，這樣我就有三十六小時的空檔，可以到大致可以算是地球另一邊的奧勒岡州波特蘭去。

因為耐吉的領導團隊是在星期二開會，整個安排因此變成不可能的任務，但是華倫花了一番工夫，說服領導團隊，把開會時間從星期二改成星期一，就這樣安排妥當了。

我終於到達耐吉公司總部時，耐吉執行長站起來，把華倫介紹給我時——接下來華倫會把我介紹給大家認識——說的是：「我們首先要歡迎吉娜・華倫，她是我們多元融合部門的新主管，而且她今天早上把自己的職業生涯賭在我們的演講來賓身上。」我的腦海中立刻急速轉動，他是說她把自己的**職業生涯**賭在接下來一小時我要談的內容上嗎？我腦海裡立刻浮現兩個想法，一是我最好好講這個主題，二是鑑於她費了九牛二虎之力，確保我能夠來這裡，那麼他們對這種訊息的需求，一定比我想像的大多了。

幸好演講進行得很順利，提供創新如何出現和為什麼會出現的架構——更精確的說是提供這種理論——具有極大的力量，因為當別人了解時，就可以開始推演理論對自身情況的意義。聽眾接下來提的問題中，都跟怎麼推動多元化無關，因為多元化是「該做的事情」。對耐吉的領導團隊來說，情形反而像是他們剛剛得知一種全新的設計與創新思考模式，這樣也奠定了華倫以全新角度談論多元融合問題的方向。

我們很快就為公司量身打造出創新工作坊，這個工作坊由多元融合部門負責推動，在四十多國實施，由幾千位員工參加，變成世界各地耐吉公司團隊的標誌性經驗。這些年來，我聽到無數耐吉團隊成員說，這些理念如何影響他們的職業生涯，飛人喬丹運動鞋的傳奇設計師傑生・梅登（Jason Mayden）、耐吉公司史上開發最多專利的湯姆・史帝特斯（Tom Stites）都是例子。

吉娜・華倫的電話是預兆，今天我可以說，我對自己在多元融合領域的影響力極為自豪，我影響了極多部門和產業的創新思考方式。跟世界若干最大機構領袖、國家元首與部長討論和合作，讓我得到極大的收穫，跟女性觀點不見得受重視的世界若干最貧困鄉村居民討論和合作，同樣也得到極為重大的收穫。

我在同質社會以少數民族身分成長的經驗，或許是讓我極為關心這個問題的原因，但我從來沒有想過要扮演這麼具有塑造性的角色，也從來沒有想到《梅迪奇效應》會有這麼大的催化效果。這種空間十分迷人，因為我們仍然處在討論階段的最早期，大部分的大企業，甚至連矽谷都無法把多元化和創新的重要性連結在一起，歐洲大部分國家和世界其他國家也是這樣。因此，我期望今後若干年內，會有很多的發展，但是當初我對這種情形一無所知，反而注意到企業希望用新穎的方式了解創新和多元化，《梅迪奇效應》正好在這方面幫上他們的忙而已。

值得注意的是，多元融合領域是最初推廣本書，讓本書觸及各個產業高階經理人和執行長的力量，久而久之，所有不同領域的人當然都會發現本書的其他面相很有吸引力，這樣會促使本書的影響力開始成長。我可以持平的說，《梅迪奇效應》的影響力其實是在不斷加強，就一本已經出版大約十二年的書來說，這樣說真的會讓人覺得奇怪。

五、擴散

《梅迪奇效應》得到全世界各種學報、論文、書籍和研究報告引用成千上萬次，也用在五大洲頂尖大學的課程中，對區域和國家的經濟發展思維產生重大影響，催生了耗費二十億美元、設在奧蘭多、名叫醫學城的生命科學發展計畫，大家說，這個計畫的影響力比美甘迺迪太空中心（Kennedy Space Center）和迪士尼樂園（Walt Disney World）。歐盟利用本書的架構，思考如何建構和創造自己的創新生態系統；世界經濟論壇（World Economic Forum）利用本書，作為創設全球競爭力指數的參考基礎。本書還促成研討會設計的很多新發展，例如在皮克斯影業公司（Pixar Studios）和Google公司的跨部門大會，以及在杜賽道夫舉行、有三十萬人參觀、堪稱世界最大會展的德魯巴印刷業商展（drupa cube）。

這本書讓我開啟了自己激奮不已的演說生涯，讓我可以一次開導幾千、幾萬人；有些機構還要我回去解說二十次以上，更重要的是，這本書讓我得以創立創新顧問業者梅迪奇集團公司，跟各國和迪士尼、諾華藥廠（Novartis）、聯合國（United Nations）和美國聯邦準備理事會（Federal Reserve）之類的重要機構合作。

不過本書的影響還是讓我覺得驚訝，例如不久之前的某一個晚上，我在輾轉反側之際，遨遊網際網路，設法讓心靈疲累時，看到一篇跟最近開幕的孟買艾迪亞貝拉科技中心（Aditya Birla Science and Technology Center）新建築有關的文章，這棟建築的圖片使建築物看來像是一艘太空船，顯得非常巨大，卻又呈現出圓滑的流線形，橫臥在算是空曠的地上，邀請來賓進入未來世界。艾迪亞貝拉是印度最大的集團企業之一，業務繁多，涵蓋從時裝到水泥之類的製造業，但是這家集團企業已經決定貫穿旗下的很多事業，糾集旗下各自為政的研發中心，組成新單位，透過科學家和工程師的合作，力求創新。這棟建築是新研發單位和這種新方法的關鍵要素。

我按鍵翻看這棟建築的相片時，告訴自己，這是我談論了十多年的完美範例，是我書中寫到的全部理念，文章中引述這個新單位負責人的談話，說「我們正在努力創造我們董事長談到的梅迪奇效應。」嗯，就是這樣，我用手拍著額頭，當然應該是這樣！幾年前，我們曾經跟這家公司的領導團隊合作，協助他們了解如何創造梅迪奇效應，我們創設了橫跨多種產業、功能和性別的高度多元化團隊，並且利用這種多元性質，協助他們發展新構想。我看看這篇文章的日期，這棟建築是我們接觸兩年半後蓋好的。

我盯著這棟建築物看，嘖嘖稱奇，看到構想化為實體，哲學思想變成鋼骨水泥建築，的確讓人深感滿意。這棟建築不只會鼓勵這家公司採用全新的創新方式，也代表某些確實存在、某些只要具有一點好運，就可以承受幾年、幾十年，甚至可能承受幾百年時間考驗的東西。我沒有預期會出現這樣的建築（不過，或許我應該這樣預期才對），但是梅迪奇效應確實在建築學和室內設計領域中發揮了影響力。事實上，這件事發生後不久，我們的很多客戶開始要求我們協助他們設計辦公室空間，我們開始跟主要營建公司合作，協助客戶了解如何在公司的建物裡，激發梅迪奇效應。這本書的影響力顯然已經以極多或明或暗的方式，在世界各地擴散開來，以至於我早就無法繼續追蹤下去。如果你想知道最多和梅迪奇效應有關的故事，想知道這種效應的影響怎麼在世界各地擴散，請上我的 www.fransjohansson.com 網站。

六、落實構想的兩大要素

本書出版以來，我跟幾萬個人談過，我的公司有幸跟全世界大約兩千個團隊合作過，跟其中的若干團隊密切合作過好幾個月，甚至密切合作過好幾年。我們的主要責任經常是協助他們創造突破性的構想，更重要的是，教導他們怎麼推動這些構想。因此，我們相當了解為什麼若干團隊在這方面比其他團隊成功，我現在樂於在這裡，處理當初我寫書時了解不夠深入的其中兩大發現。

第一個重大發現跟這種團隊的多元性質有關。為什麼這一點對他們的成功程度深具影響？其實有很多解釋。因為本書探索的事情大部分都是這種問題，我要把重心放在書中沒有談到，而且在別的地方也很少看到大家討論的一個問題，也就是團隊發展出突破性構想後，必須努力推動。這樣做最好的方法是小步快速前進，或是採用我所說的「可行的最小步驟」方式去推動。過去十年來，這一點已經變成大多數新創企業文化中的常識，是大家用「敏捷」或「精實」來說明的整體哲學。然而，我們發現讓人嘖嘖稱奇的地方，在於多元融合的團隊在靈活推動方面，遠比同質性的團隊容易多了，在龐大的組織裡更是如此。

為什麼？你利用有限資源推動某些構想時，必須懇求和商借，而且幾乎總是必須運用非傳統的管道，才能把事情做好，你可能要依賴別人的資源，或是借用別人的預算完成一些任務。或許你認識行銷部門的一個人，可以幫你把事情做好，或許你跟一位高階經理人關係特別深厚，他會替你打通很多關節。結果多元化的團隊以這種方式運作時，因應之道會多很多，認識的組織內部人士就是比較多，甚至認識的外部人士也比較多。我們一而再、再而三的看到同質性團隊在推動構想或測試時碰到困難，因為他們在組織內打通關節時，沒有那麼多的選項。

反之，多元化團隊因為貫穿多種職能和性別、種族之類的身分認同，可以接觸到的組織內部網路非常多樣化，他們利用這種多元化性質，即使有一個主要因應之道塞住了，仍然可以繼續前進。

第二個要素跟極為重要的創造成就熱情有關。不可否認的是，熱情這個字詞多年來一直備受貶抑，甚至遭到低估，視為不重要的變數。我難得看到有人在設想推動那種構想時，把「熱情」或類似說法當成選擇標準。

但是我們觀察到，成功機會最大的團隊都極為熱愛自己的構想，熱愛自己能夠為所屬組織，甚至為整個世界所能做到的事情。這點很重要，因為你在推動一種創新的構想時，必須克服眾多阻礙，前幾次的嘗試可能都一事無成，你可能在根本預料不到的地方碰到挑戰，可能要面對同事和自己內心的不知情或懷疑，你要怎麼凝聚力量，克服所有障礙？噢，除非你（像戰時一樣）受到絕對的逼迫，否則就必須對創新的構想**心有所感**。熱情對團隊極為重要，因為熱情會讓你有力量在挑戰中堅持下去，事實上，你必須對這種構想有著不理性的熱愛。

今天，熱情是我們協助一個團隊選擇正確理念的重要標準之一，此外，我們還利用很多方法，把熱情灌注在我們的合作團隊中，我們會創造我們所說的「頓悟時刻」，讓合作團隊眼光獨具，不但能夠創造各種突破，也能夠跟一種構想建立情感關係。怎麼衡量熱情當然不是顯而易見的事情，因此上述篩選過程中的一個部分，就是在一種構想的發展路徑上，設置各種有意義的障礙或測試，以便看出參與者多有決心，願意為實現理念而奮鬥，更重要的是，要看出為這種構想奮鬥的精神是否會在團隊中甦醒。

七、致謝

從《梅迪奇效應》出版以來，已經過了將近十三年，但是看起來，這本書從來沒有像今天這麼重要過，這是新版讓我激奮莫名的原因，交會點的機會從來沒有像現在這麼多過，文化和國家之間的障礙紛紛崩落，很多領域和產業不斷匯流，也不斷湧出，社群媒體讓我們更容易跟別人建立關係，問題當然在於怎麼利用這種情勢。我相信《梅迪奇效應》能夠提供一些非常好的答案，非常多的人還沒有接觸到書中探討的理念，現在他們的機會來了。

我要謝謝協助我蒐集本書新素材的人，包括幫我撰寫推薦序的艾瑪波，我對她總是至深感謝，因為她指點我走上自己人生中的這條新道路。我也要感謝梅迪奇公司的團隊成員 Cléo Kim、Chantal Yang、Kristian Ribberström 和 Ryan Van Echo 耗費時間指導我。我要特別感謝 Philip Musey 幫我整理用在討論指引的素材。我當然也非常感謝（已經改名的）哈佛商業評論出版社（Harvard Business Review Press）看出新版的潛力，努力玉成其事。

我最想感謝我的家人，謝謝內人 Sweet Joy 從一開始對這項計畫的支持，謝謝身為交會點絕佳範例的兩個女兒，在我最需要靈感時提供指引。

第一篇

異場域碰撞

1 異場域碰撞出曠世好點子

用腦子操作的電玩

二○○二年春天，一個研究小組在美國羅德島州首府普羅維登斯（Providence）的布朗大學（Brown University），進行一次驚人的實驗，由一隻受過訓練的恆河猴玩電腦遊戲，遊戲的重點是用一個黃色的游標，追逐銀幕上像曲棍球盤一樣隨機亂動的紅點，遊戲給人的觀感好比設計給小孩玩的遊戲，只是有一個特別值得注意的差別，猴子不是用滑鼠或搖桿玩遊戲，而是用心移動游標，用精神力量控制游標的方向。

研究結果在著名的科學學刊《自然》（*Nature*）雜誌刊出後，變成布朗大學大概有史以來最轟動的科學故事。各家通訊社發出新聞那天，設計這項實驗的研究生賽路亞（Mijail

Serruya）淹沒在從世界每個角落潮湧而來的電話。賽路亞回憶說：「我半睡半醒，正要到浴室刷牙」，電話那頭說：「喂，這裡是英國廣播公司。」記者希望知道一切，從人是否可以利用這種科技來製造軍事裝置，到是否能夠協助整天坐著不動的「沙發上的馬鈴薯」站起身來。

這件事會特別讓人注意，不光是因為這些科學家發現的結果，也是因為刻意尋找科技整合的結果。這項特殊突破背後的成員包括數學家、醫師、神經學家和電腦專家，他們在了解猴腦怎麼運作方面，都扮演重要的角色。這個小組穩穩的立足於異場域碰撞點，因此挖到黃金。

這種成果其實毫不讓人意外，因為在布朗大學開創腦部科學研究的庫柏（Leon Cooper）教授，刻意召集眾多學門的人來研究人類心智。庫柏自己興趣廣泛，將近三十年前，他憑著固態物理方面的研究，獲得諾貝爾獎（按：一九七二年，關於超導體特性的重大發現），到開始這次「讀心術」實驗之間，他已經轉換過一次跑道，轉進腦科學，設立了美國最早的神經網路企業之一——奈斯特公司（Nestor, Inc.）。庫柏親眼見到不同領域相互碰撞的驚人好處，刻意把這一點納入腦科學計畫中，作為重要的策略之一。「腦部研究跟純粹物理學研究不同，這門學問的特性就是必須組成不同的團隊」，庫柏告訴我，「跨學科的方法使我們與眾不同，也讓我們有機會在這個領域中找到新發現。」讀心術實驗是他談到的完美範例。

研究小組在這個實驗中，設法「偷聽」腦部規劃運動的區域，靠著植入腦部的微小電極，讀取猴腦細胞的信號，送進電腦，利用先進的統計技術解碼，腦部眾多資料原本是無法理解的，現在可以藉此翻譯成猴子的想法，因此，這個小組可以即時把猴子的思想轉變成打電動遊戲的行動。匯聚不同領域的很多人在一起，找到一個可以讓他們的觀念接觸、激盪和增強的地方，就形成這次不可思議的突破。

這次發現具有重大意義。賽路亞說：「這種植入物體可能很適於人類使用，也展現很大的希望，讓我們認為，最後可以透過電腦，連接在癱瘓病人身上，恢復病人跟環境的互動。」賽路亞展望未來說，純粹靠思想指揮的義肢不再只是科幻小說的夢想。

這個腦科學計畫由唐納修（John Donoghue）主持，團隊成員橫跨認知科學、神經科學、電腦科學、生物學、醫學、心理學、精神醫學、物理學與數學等領域的研究人員。唐納修和庫柏都認為，跨入眾多不同領域交會的碰撞點，得到突破性觀念，對於進一步推動新發現極為重要。「例如，某一天下午在走廊上無意間碰到一位統計學家，可能引發一場討論，解決我思索已久的特殊問題。」唐納修解釋。研究人員不太肯定什麼時候會發生有趣的事情，但是他們知道，如果繼續討論下去，最後會有成果。

這個科學小組的突破性發現、皮爾斯獨一無二的建築設計與索羅斯的投資與行善策略，都是靠相同的方法得來，但是為什麼這種方法最有機會急遽改造世界？在回答這個問題前，我們首先必須了解創新觀念與創新過程的本質。

什麼是創新？

我們為什麼把腦科學計畫小組所做的實驗叫做創新？大部分人看到恆河猴玩遊戲大吃一驚，不足以叫做創新，很多事情，從世界最大的南瓜到洛杉磯下午五時的交通阻塞，都可能讓我們驚異，卻不表示其中有創新的性質。

原因如下：讀心術實驗具有創造性，是因為「新穎而有價值」；具有創新性質，是因為創新觀念「能夠實現」。這種創意與創新的定義，最符合哈佛商學院創造力研究專家艾瑪波的論點。這種定義看來似乎是誰都懂的白話，卻值得多花點時間更深入的探究。

新穎？以誰的標準來看？

恆河猴實驗小組完成了「獨一無二的創舉」——這點顯然是創新觀念的主要特性。如果你模仿莫內（Monet）的畫作，其中沒有創造性；如果你設立的網路書店營運方式跟亞馬遜公司（Amazon）一模一樣，你只是模仿一種商業模式，沒有創新。

這種標準似乎很明顯，卻簡單得可能靠不住，如果一種觀念對創造者來說是新的，對別人卻不新，結果如何？不幸的是，這種觀念幾乎不可能被人認為是創新。想像如果有人宣稱發現了去氧核糖核酸（DNA）的雙螺旋結構，誰也不會注意，華森（James Watson）與柯里克（Francis Crick）五十多年前就發現了。但是如果情況正好相反，結果如何？如果一種觀念對創造者不新，對別人卻新穎，結果如何？例如創造者可以舊事新解，或是用新的方式運用螺帽，例如愛迪生和他的團隊為電燈泡發展出新的燈頭，在這種情況中，社會會認定這種產品的確是創新產品，事實上，大部分創新活動都是這樣進行的。

新穎還不夠，要有價值

有趣的是，要被人視為創新，觀念新穎還不夠。說四加四等於三五三七二的確具有原創性，卻幾乎不能說是創新，創意要變成有創造力，必須有一些相關性，必須有價值。像克里斯洛克（*Chris Rock*）在電影《烏龍元首》（*Head of State*）中，板著臉孔說四加四等於四十四，或許可以符合這種要求，因為有些人可能認為這樣有趣。這點進而解釋為什麼腦科學小組的實驗具有創造性，這項實驗很新穎，對大多數的人有價值，《自然》雜誌刊出這項研究後，媒體全力採訪，清楚指出了這一點。

要能讓他人利用

我們把這個小組的實驗叫做創新，原因是他們完成了實驗，而且別人現在用這些發現，進一步推動自己的研究。創新不但必須有價值，也必須由社會上的其他人利用。光是想出最讓人驚奇的發明，還不能讓你成為創新的人，如果觀念只存在某一個人的腦海裡，還不能認為是創新。觀念必須向其他人「銷售」，不管別人是評估科學證據的同僚、購買新產品的顧客，還是閱讀文章或書籍的讀者。

就創意與創新而言，這種大家普遍接受的定義多少讓人有點困擾。我們經常認為某些人具有創造性，但是人必須在社會的範圍內，跟周遭環境協調一致，創意才會真正出現，社會最後會決定一種觀念是否新穎而有價值。照心理學家兼創意研究專家契克森米哈賴（Mihaly Csikszentmihalyi）的話，「除非參考某些標準，否則不可能知道一種想法是否新穎；除非通過社會的評估，否則不可能知道一種想法是否有價值。」因此，如果某一個人的產品從來沒有人見過、用過或評估過，不可能判定是不是創新產品。

為即將要探討的天地定下一個範圍後，我們要深入探討這個領域。本書主張異場域碰撞最適於產生突破新觀念，形成梅迪奇效應。但是異場域碰撞到底是什麼？

異場域碰撞是不同領域匯集的地方

我們說腦科學計畫落在數學、醫學、電腦科學與神經生理學的異場域碰撞當中，其實是說推動這個計畫的人設法結合這些領域，透過這種結合，產生創造性的新見地。個人、團隊或組織結合不同領域的觀念，營造異場域碰撞，因此，產生碰撞的時空變成虛擬的彼得餐廳，變成迥異觀念意外交會與互相補強的地方。

前面所說的「領域」是指透過教育、工作、嗜好、傳統或其他生活經驗而精通的學科、文化與範疇。例如領域可以包括神祕小說寫作、繪畫、中國商業習慣、分子生物學與企業軟體產業，包括的範疇十分廣泛，涵蓋娛樂性釣魚、有線電視、西裔美國人文化、證券分析、物件導向軟體寫作、詩學、地毯編織與電影剪輯。領域可以進一步細分為比較狹隘和明確的次領域，例如，你可以探討一般的烹飪，也可以探討特別的瑞典菜與泰國菜。最後，可以想見的是，能夠讓一個人花一輩子的時間，沉湎其中的東西才能叫做領域。

領域包含知識與實務之類的觀念，換輪胎可以稱為一種觀念，輪胎本身這種物體也是一種觀念，這兩種觀念都包含在叫做工學的領域中。要了解一種領域，至少必須了解其中一部分觀念，了解一種領域的觀念越多，在這個領域中建立的專業知識越多。

領域本身和領域之間的碰撞有個重大差別，就是觀念在各自領域中的結合方式，如果你在一個領域中研究，端視你能否結合該領域中的各觀念，並產生特定方向的觀念，也就是我所說的方向性觀念。當你踏進不同場域的碰撞時，卻是要結合很多領域的觀念，產生跳往新方向的觀念，這就是我所說的跨域觀念，搞懂兩種觀念之間的差別很重要。

跨域觀念，威力無限

演化生物學家道金斯（Richard Dawkins）在自己的領域中很有名，一九七六年，他出版了一本傑作，叫做《自私的基因》（*The Selfish Gene*），把演化理論向前推進了一大步。道金斯認為，演化不只在物種之間發生，甚至不只在有機體之間發生，還會在基因之間發生，這樣的基因叫做「自私」。這種理論對他專精的領域是一大貢獻，也為道金斯帶來盛名。

因此，我們可以說，道金斯對社會最大的貢獻，是提出一種很不同的觀念，這樣說似乎有點奇怪，這個觀念起源於他書中跟主題相當無關的章節。道金斯結合遺傳演化與文化演進兩個領域，清楚的闡釋其中的關係，認為建構文化的素材——觀念——會像基因一樣演化與傳播，他把這種素材叫做「彌」（memes），他寫到：

彌的例子包括曲調、觀念、流行用語、時裝潮流，乃至於製壺或建造拱門的方法。就像基因在基因庫中傳播是靠著精子與卵子，跳過不同的身體；彌在彌庫中傳播的方式是在不同的大腦之間跳動，所採用的過程以廣泛的說法來說，可以叫做模仿。

我知道大部分人看到道金斯寫的這一章時，都會深思一番：多麼不可思議的想法！觀念或彌，實際上會在我們的心裡競爭生存空間，有些彌會堅忍不拔，有些會轉型，有些彌會衰亡，這種過程類似基因演化，這個想法不但在直覺上似乎有道理，也很新奇，而且是來自異場域的碰撞。

道金斯跟自私基因有關的第一個觀念是方向性觀念，跟彌有關的第二個觀念是跨域觀念。第一個觀念把已經確立的一個領域，向已經確定的方向進一步拓展，第二個領域無中生有，最後創造了屬於自己的領域——彌學。

彌的觀念幾乎立刻宣揚開來，成為今天行銷人員、社會學家與歷史學家解釋、預測與影響文化現象的方法。例如暢銷書作家葛拉威爾（Malcolm Gladwell）在《引爆趨勢》（*The Tipping Point*）一書中說明，哈巴牌（Hush Puppy）鞋子如何在幾年內，靠著最適於稱為觀念病毒流行病的過程，從名聲不好、銷售停滯的鞋子，變成引領風騷的衣飾配件。今天很多行銷觀念的基礎構想是：觀念和流行像病毒一樣，在人心中流竄，這些策略是一九七〇年代道金斯跨域遠見的直接成果，跨域創新像彌一樣，經常比方向性創新更有力，傳播更廣，但是要追求長期成就，兩種創新都很重要。為什麼？

方向性觀念與跨域觀念

方向性觀念和跨域觀念有個重大差別，就是碰到方向性觀念時，我們知道自己要往哪裡去，這種觀念的去向是固定的。方向性創新運用的是相當可預測的程序，根據相當明確的層次，改善一種產品，大部分創新都屬於方向性創新，在我們身邊處處可見。例如一家公司靠著精簡和改善現有的程序而提高效率；或是科學家定出某種特殊現象的小數第六位（根據已知的小數第五位）；或是把一種成功的政策計畫經過調整，從一個城市沿用到另一個城市。

目標是用改善和調整，推動一種既有的觀念，這樣做的結果可以合理的預測到，也可以相當快的獲得成果。

人和組織一直靠著提升專業知識水準和專業化，做這種方向性創新，連跨域觀念也一樣，只要確立後，都會沿著特殊的方向發展和演變。備受歡迎的勵志書籍《與成功有約：高效能人士的七個習慣》（*The Seven Habits of Highly Effective People*）作者柯維（Stephen Covey）推出《與幸福有約：美滿家庭七習慣》（*The Seven Habits of Highly Effective Families*）時，他不太可能推出大不相同的觀念，他只想提出經過調整的原始觀念（以便繼續從中獲利）。企業改善產品，追求新市場區隔，研究人員更深入鑽研已經確立的領域，都是這個道理。

另一方面，跨域創新跳脫舊有領域，開創新局，改變世界，通常會為新領域開闢坦途，因此使創造新方向的人成為自己所開創領域的領袖。跨域創新所需要的專業知識不像方向性創新那麼多，因此可以由最不讓人懷疑的人推動。雖然跨域創新很激烈，卻可以用或大或小的方式完成，可能涉及大型百貨公司的設計，或是中短篇小說的題目，可能涵蓋特殊效果技巧，或是為多國公司發展產品。總而言之，跨域創新有下列特性：

● 令人驚豔與心醉。
● 跳脫舊有，開創新局。
● 開啟全然新領域。
● 為個人、團隊或公司提供獨樹一幟的空間。
● 產生追隨者，表示創新的人可能成為領袖。
● 可以為未來幾年或幾十年提供方向性創新的泉源。
● 對世界產生空前未有的影響。

誰說專家才能創新？

對我們大多數人來說，異場域碰撞是產生創新的最佳途徑，在異場域碰撞之下，不但有更多機會找到特別的觀念結合，也會找到更多觀念的組合。說明白一點，異場域的碰撞不光是表示結合兩種不同的觀念，形成新觀念。這種組合是方向與跨域性創新的一環，異場域碰撞代表罕見組合的發生機會急遽增加。

想像你是照顧癱瘓病人的醫護人員，如果你希望在自己的領域中，發展新的治療策略，你必須徹底了解這個領域。要找到行得通的新觀念，你必須精通自己領域中的大部分觀念。此外，因為這個領域的方向容易預測，你在每一個轉折都會碰到很多競爭。

現在假設你脫出既有的領域，把自己的經驗跟神經科學的經驗結合，突然間，會有很多新選擇和觀念等待你去探索。甚至你不了解的神經醫學可能跟現有的治療策略結合，產生突破性的跨域觀念。換句話說，你創造異場域碰撞，引發了有趣新觀念組合的爆炸。

文藝復興期間，佛羅倫斯發生的事情就是傑出觀念爆炸的現象，其中有一些很重要的教訓。如果我們可以造就不同學科領域或文化的異場域碰撞，就會更有機會創新，原因完全是異場域碰撞可以形成很多平素看不到的觀念相互激盪。下一章會說明，現在是有史以來這樣做最好的時機。

2 這年頭，其實機會更多了

無國界的夏奇拉與真情流露的史瑞克

腦科學小組與恆河猴的故事是我們這個時代的故事，反映世界關係日漸緊密，看來無關的觀念其實有關，也反映異場域碰撞勃然興起，這種事情應該不會讓我們驚訝，我們在每一個地方，都會看到更多、看到非常多這一類的事情。

不同領域當然不是第一次這樣匯聚在一起，達文西（Leonardo da Vinci）是文藝復興時期著名的跨域觀念交會的倡導者，當時藝術家、科學家與商人一起形成異場域碰撞，產生了歐洲藝術、文化與科學最有創意的爆炸。但是隨後的幾個世紀裡，知識變得越來越專業化，學科變得更零碎，我們把世界劃分成更小、更專業的片段。然而，今天零碎化的情勢正在逆轉，影響遍及每個地方的眾多領域。《紐約時報》（*New York Times*）外交事務專欄作家傅利曼（Tom Friedman）在《了解全球化》（*The Lexus and the Olive Tree*）一書中，評論今日世界日漸緊密的關係：「今天比以前都明顯的是，政治、文化、科技、財政、國家安全與生態的傳統界線正在消失。」

異場域碰撞勃然興起的背後，有三種截然不同的力量，目前這三種力量大概是人類有史以來第一次互相合作，一同發揮影響，這三種力量不但是跨域創新出現的原因，也是跨域創新多得空前的原因。

第一種力量：人口的流動

一八〇九年，一位叫做塞闊雅（Sequoyah）的混血契羅基（Cherokee）印第安人，學會在自己的銀質作品上簽署自己的名字。這是他第一次認識書寫的文字。幾年後，他在美國陸軍服役，經歷小河戰役（Creek War），看到美國士兵寫信、閱讀命令、記錄這場戰役的歷史事件。媽媽是顏料族系（Paint Clan）成員、爸爸是維吉尼亞州毛皮商人的塞闊雅知道，自己的契羅基族（Cherokee Nation）同胞可以從書寫語文中，得到極大的利益，隨後十二年裡，他發展出一種書寫的契羅基語言。發展完成後，他建立一張字音表，包括八十五個字母，代表契羅基語言的每一個音，這張字音表非常好學，幾個星期內，成千上萬的契羅基人就能夠閱讀，也讓契羅基族有能力創立第一份美洲原住民報紙《契羅基鳳凰報》（*The Cherokee Phoenix*）。塞闊雅是大家所知道唯一獨力創造一種書寫語言的人，到今天都被人認為是天才。

塞闊雅浸淫在跟本身文化很不相同的文化中，得到創造一種書寫語文的觀念，這是找到異場域碰撞的方法之一，下一章會更詳細的探討。這一點也是全球化力量的例子，這種力量具體表現在跨文化與跨國家的人口流動上，這股驚人的力量沉寂一百多年後，正在恢復生機。

每個地方的人口遷移數量都在增加，原因不只一端。民主制度與資本主義的影響廣泛，加上資本主義促使貿易壁壘減少、國界開放，造成世界大多數國家裡的外國人工作與受教育機會增加。此外，難民與尋求政治庇護的人數量仍然相當多。其他因素甚至顯示流動速度正在加快。例如，幾乎所有工業國家都面臨人口不足，社會安全制度受到威脅，要應付人口迅速老化和出生率下降，可以說只能靠著增加移民來彌補。人口流動顯然正在增加，從世界各國的人口普查數字可以看出來。

以美國為例，外國出生人口所占比率已經升到一九三〇年代以來的最高點。根據二〇〇〇年的人口普查，美國人口當中，有一一．一％是在外國出生的，比一九九〇年幾乎增加了六〇％。這種趨勢不是美國所獨有，到處都一樣，光是一九九四到一九九九年間，韓國、丹麥、西班牙、澳洲、義大利和加拿大之類的國家裡，外國出生人口所占的比率增加了五到一七％。根據管理大師彼得．杜拉克（Peter Drucker）的話，「十九世紀的大量移民如果不是移入空曠、無人居住的地方（例如美國、加拿大、澳洲、巴西），就是在同一個國家裡，從農村移居到城市。而二十一世紀的移民是外國人移到已經有人定居的國家，他們在國籍、語言、文化和宗教上都不同。」杜拉克認為這種長期趨勢沒有什麼理由會反轉。

這種力量會帶來豐富的文化交流，為勇於探索的人帶來眾多創始性的觀念。對比較多元的群眾來說，跨文化觀念比較容易推廣，企業和藝術尤其如此。拉丁美洲歌手夏奇拉（Shakira）在美國首次推出《愛情洗禮》（*Laundry Service*）專輯時，迅速竄升到排行榜的最頂端。即使在她的祖國哥倫比亞，她的歌聲都很特別，她父親是黎巴嫩人，她的歌曲揉合阿拉伯與拉丁音樂，成為「風格獨特、揉合流行與搖滾、跟當時哥倫比亞歌手表現截然不同的音樂。」她設法利用這種創新的音樂，跟美國的曲風交流，《新聞週刊》（*Newsweek*）寫到：

像哥倫比亞夏奇拉這樣的年輕歌星，融合了拉丁與美國各種流行風格，打破了界線。二十二歲的夏奇拉說：「我們是融合的時代，融合決定了我們的命運：就像我們吃一口食物，同時吃到米飯、拉丁綠葉包子（platanos）和牛肉一樣。」她自己的音樂綜合了艾拉尼絲莫莉塞特（Alanis Morissette）、雷鬼（reggae）和墨西哥馬里亞奇（mariachi）街頭流浪樂風。

在電影、文學、音樂和藝術的領域中，這種融匯不同文化的趨勢一年比一年明顯，世界不同地區的企業也越來越能夠創新。企業可以藉著了解不同文化的關係，利用不同文化之間的觀念，不但大企業可以這樣做，你家隔壁的商店也可以這樣做。

例如有一天，我走在紐約布魯克林區的第五大道（Fifth Avenue）上，看到一家叫做奇美拉（Kimera）的商店，店名取自希臘神話中混合獅子、山羊與蛇的雜種怪獸，結果卻是一家風格很獨特的服裝店。例如其中一件襯衫看來好像綜合了和服與標準西式罩衫的樣子，其他成衣也具有類似的綜合風格。

女老闆朱意楓（Yvonne Chu，音譯）告訴我，她的靈感來自跟中國籍父母在紐約成長的經驗，也來自她到世界各國旅行的閱歷。大家很愛她獨一無二的設計以及其中極為明顯的文化融合特色。「這件襯衫」，她拿起一件藍紫色、有著中國立領、後身下半部是緞子、前面有領帶的襯衫說：「大家愛死這件衣服了。」奇美拉是這個時代的表徵，人口跨越國界與文化移動，創造了數量空前的異場域碰撞效果。

第二種力量：科學的整合

《史密松雜誌》（*Smithsonian Magazine*）刊出一篇報導，引起我的注意。生物科技專家把一種織金色球狀蛛網的蜘蛛生產蛛絲的基因，剪接到一群山羊身上，目的是讓山羊生產含有蛛網物質的羊奶，這種物質具有驚人的強度，然後研究人員可以利用羊奶，紡出跟蛛絲具有相同特性的線。令人驚異，但是千真萬確。

以同樣的質量來說，球狀蛛網蜘蛛產生的極纖細絲線，強度是鋼鐵的五倍。執行長騰納（Jeffrey Turner）認為，總有一天，蛛絲可能用在各種用途上，包括汽車安全氣囊、釣魚線、撕不破的緊身運動衣，到眼科手術縫線和人工機械。

推動這種創新的公司叫奈希雅公司（Nexia），奈希雅公司剛剛完成了加拿大生命科學史上最大規模的股票初次公開發行，而且已經開始生產。這件事讓人想起布朗大學的讀心術實驗，因為兩者都指出科學界的現狀。科學發現的本質正在改變，原本極為分散的學門再度匯合在一起。

想想看，你有多少機會可以發現一個大陸？以美洲大陸來說，我們知道至少有三個不同文明的三種代表發現過美洲。美洲原住民大約在兩萬年前，分成連續三波，渡過白令海峽（Bering Strait）的陸橋；維京人（Vikings）大約在一千年前，從冰島出發，經過格陵蘭，到達紐芬蘭；最後，哥倫布大約在五百年前，完成了同樣的事跡，只是在比較南邊發現美洲大陸。然而，今天這種發現已經不可能，美洲已經發現，傳統地理學上的大發現已經完成，歷史上已經詳細記載。人體解剖學當然也一樣，如果科學的其他部分也是這樣，怎麼辦？

我們發現，在一個又一個領域中，人類對世界的基本了解，即使不是百分之百精確，至少已經有足夠的了解。以化學為例，化學變化的數目可能大到無窮大，但是操縱化學變化的原則顯然數目有限，早在一九三〇年代，就由鮑林（Linus Pauling）大部分解釋過了，這項成就使他贏得兩座諾貝爾獎中的一座（另一座是諾貝爾和平獎）。在生物學上，幾乎每一種發現，包括雙螺旋結構，都強化而且改善了達爾文的進化論，而不是質疑進化論。我們花了很多時間把世界分割，設法了解組成世界的個體，成就斐然。總之，科學的確有用，而且運作順暢。然而，就像發現大陸或人體解剖學的一部分一樣，發現的次數有限，我們只能發現進化論或超新星或熱力學一次。

然而，這點不表示科學扮演的角色已經走到盡頭，正好相反，科學對人類生活越來越重要，需要探索的問題比以前更多，但是極多發現的本質跟過去不同。科學不再協助我們了解世界的各個個體，而是協助我們了解這些個體如何整合。因此，例如你會發現工程師跟生物學家合作，以便了解貝殼的強度，把貝殼用在坦克裝甲到汽車車身的一切東西上頭。你也會看到海洋學家、氣象學家、地質學家、物理學家、化學家和生物學家通力合作，了解全球暖化的效應。新發現、改變世界的發現，就從不同學科（異場域）的交會（碰撞）中出現，而不是從各個學科本身中出現。

科學家逐漸認識這種趨勢。我曾向美國科學促進會（American Association for the Advancement of Science）執行長雷希納（Alan Leshner）討教，就談到異場域碰撞的崛起。雷希納可以說是科學界最有影響力和關係最好的人，他主持的協會是世界最大的科學組織，全世界每週有超過一百萬人，閱讀這個協會出版的《科學》雜誌。我問他，在各種學門之內，科學發現的機會有多少。

他幾乎毫不思索的就答道：「分科科學已經死亡，已經結束。」雷希納發現越來越多證據，證明這種結論。他解釋說：「大部分重大發現都同時跟很多學科別有關，單一作者寫的論文越來越少見，共同寫作的多位作者經常出身不同學門。」美國大學中也出現這種變化，今天學生主修的科目遠比過去多，中間用橫線連結起來。例如，現在的大學生可能主修應用數學—物理學、生物學—化學、地質學—化學、經濟學—心理學。此外，不同的科系也匯聚在一起，探討跟環境、生物工程、永續發展、神經科學等學門有關的特殊問題。

了解匯流力量的科學家逐漸跨越科系而結合起來。在這方面，最成功的機構可能是設在新墨西哥州的聖塔菲研究所（Santa Fe Institute），聖塔菲研究所是柯文（George Cowan）在一九八四年創立的。柯文是務實的紳士，說話慢條斯理，但是每句話都帶著敏銳和睿智。不管討論的是藝術、企業還是政策，他談論時，好像認為科學和數學跟一切都有關係，從某方面來說，設立聖塔菲研究所，目的就是要找到這種關係。

柯文斬釘截鐵地相信異場域碰撞的力量，原因可能是他已經多次目睹了這種力量。二次大戰時，美國推動曼哈頓計畫（Manhattan Project）研究原子彈，他當時是行政人員，跟你所能想像到的每一個學門的頂尖科學家合作。之後他出任阿拉莫斯國家研究所（Los Alamos National Laboratory，http://www.lanl.gov/organization/，延續曼哈頓計畫，宗旨是解決國家的迫切危機，擁有一萬一千三百名研究人員）副所長，同時領導一家銀行。後來他擔任白宮科學顧問時，想到要設立聖塔菲研究所。柯文發現要把科學家和政客拉在一起不容易。他說：

「我求助一位政壇人物，問他怎麼推動這種科技整合？他告訴我：『你必須了解他們的議程。』我問他，怎麼了解？他說：『你必須讓科學家想到專業以外的事情。』」

這次談話之後不久，柯文創立了聖塔菲研究所，組織章程中提到，設立這個研究所，是要致力於「創設新的科學研究團體，推動新出現的科學融會貫通。」聖塔菲研究所在這方面十分成功，推出的研究讓人困惑，也讓人滿懷希望。

例如你會發現，生物學家跟經濟學家與股市分析師共同合作，推出跟市場行為有關的新觀念。著名的基金經理人、雷格梅森焦點資本公司（Legg Mason Focus Capital）副總裁兼執行董事哈格斯壯（Robert Hagstrom）舉例說明生物與經濟的關係：「我們用來說明財務策略演變的模式，其實在數學上類似於生物學家用來了解獵食動物與獵物系統、競爭系統與共生系統動物數量的公式。」另一個著名的研究範圍是小世界現象，大家透過其中的關係，設法了解這種小世界。這些研究人員看出身體細胞結構方式之間的共同性質，例如網頁連接、社會形成（像著名的六度分隔理論），甚至連恐怖主義分子巢穴的互動方式，都有相似的地方。

現今的聖塔菲研究所是獨立的民間研究機構，網羅了物理學、生物學、電腦科學與社會科學研究人員互相合作。聖塔菲研究所是這個時代的另一個表徵，是異場域的多種科學產生碰撞、來到融匯時機才產生的機構。

第三種力量：電腦能力的躍進

二〇〇一年，傳統平面動畫的從業人員，也就是從事我們所說卡通動畫的人，知道他們最可怕的噩夢已經成真。噩夢起源於兩隻怪獸，一隻是綠色的巨人史瑞克（Shrek），另一隻是藍色怪獸毛怪（Sulley，電影《怪獸電力公司》〔*Monsters, Inc.*〕的主角）。兩隻妖怪是兩部電腦立體動畫電影的主角，兩部電影都大受讚揚，在票房上擊敗所有電影。兩部電影背後的製作公司是夢工場（Dreamworks）與皮克斯公司（Pixar），他們把立體電腦動畫電影變成備受歡迎的影片。雖然這種科技出現已經超過十年，賈伯斯（Steve Jobs）創立的皮克斯把這種科技提升到全新的境界。皮克斯公司創立時，只是小小的動畫電影工作室，但是製作出幾部熱門電影，包括《玩具總動員》（*Toy Story*）與《蟲蟲危機》（*A Bug's Life*）後，大家開始重視這家公司。

史瑞克和《怪獸電力公司》兩部電影成功之後不久，傳統動畫業者爆發激辯，這是他們的末日嗎？手繪創作藝術家會像八音軌錄音帶一樣，走上絕境嗎？

有些人會說不是，只是這一年的電腦動畫電影故事比傳統電影好，人物比較有趣。其中的確有幾分事實，兩部電影都很有趣，都很精緻，讓小孩和大人都入迷。對話詼諧有趣，蘊含的感情動人（怪獸的眼睛轉動特別迷人），故事有力、迷人。因此，差別可能不是電腦造成的，可能是故事好，說故事的方式高明。但是如果故事的發展是靠電腦幫助的，要怎麼說？看看一九九六年皮克斯公開上市後，賈伯斯在第一年年報中的說法：

電腦動畫的新世界裡，有無限的創新機會……傳統格狀動畫人員必須花很多時間畫畫，因為一部一般長片級動畫電影超過十萬格（每秒二十四格乘七十五分鐘），每格都必須用手畫。皮克斯公司製作電腦動畫時，全程使用千百台速度很快的電腦來畫。這種過程造成了跟傳統格狀動畫不同的重大差別：動畫人員不必畫畫，可以把精神放在肢體表演上，在角色行動時，為角色注入生命，這讓皮克斯公司可以雇用不善於畫畫、卻十分有才能的演員，這些動畫人員甚至要去上表演課程。

沒搞錯吧？皮克斯的動畫人員要上表演課程？是因為用了電腦才這樣嗎？因此，電腦實際上成了說故事過程中的一環。電腦能力躍進，讓皮克斯公司不但能夠創造立體動畫，也可以把精神專注於故事和說故事的方法，平面環境根本不可能表現出感情，立體環境卻可以展示情感，史瑞克的臉孔呈現出情感，不只是呈現表情而已，他在銀幕上走動時，感覺起來就很笨重，而不只是扁平的人物而已。皮克斯公司利用電腦動畫，創造出的電影精緻程度遠超過手繪動畫。電腦科技讓皮克斯公司能夠用不同的方法製作，能夠結合電腦動畫與傳統製片。兩隻怪獸出生的兩年後，傳統平面動畫工作室都人去樓空。

如果沒有發明微晶片，絕對不會發生這種事，微晶片可以說是過去五十年來最重大的創新。此後，電腦能力每隔十八個月增加一倍，到現在仍然如此，因為兩個原因，電腦能力驚人躍進會造成更多融會貫通的機會。首先，這樣不但會讓我們用更快的速度做同樣的事情，促成方向性創新，也讓我們能夠做不同的事情，讓一向分開的不同領域產生可能的碰撞。皮克斯公司有能耐影響電影鋪陳故事的方式，是電腦能力增加的直接結果。

第二個原因是：電腦能力躍進也造成通訊進步，微晶片奠定了電子郵件、網際網路、行動電話、衛星電話、電視的基礎，使電話費降低，也使我們的世界變得更小。這表示原本隔絕的個人、團體和組織現在可以輕鬆的聚集在一起，在自己的背景和專業知識之間，找到碰撞之處。這種異場域的交會碰撞為小型新創公司和大公司創造了機會，看看嘉吉公司（Cargill）風險管理部門行銷經理崔熙（Mark Tracy）的例子。

嘉吉公司是美國最老的公司之一，主要業務是在世界各地經營農產品，年營收超過五百億美元，是美國有史以來最大的非上市公司，規模比寶僑（Procter & Gamble）或美國線上時代華納公司（AOL Time Warner）還大，在世界各地都有業務。你想到創新時，可能不會先想到這家公司。但是嘉吉公司執行長史塔力（Warren Staley）說：「不上市有很大的好處，股東都了解農業具有景氣循環特質，報酬率有高有低，不是每一種風險都讓我們稱心如意。」崔熙負責注意公司所承受的風險。

崔熙進入嘉吉公司當穀物交易員時，他連黃豆長什麼樣子都不知道，更別提黃豆的成本了，卻突然投入必須迅速學習一切的工作。「突然之間，八十歲的老農夫問我市場將來會怎麼變化。」崔熙回憶他在田裡和穀倉旁邊跟別人的長談，他靠著這種方法學習農業，了解憂心忡忡農夫心中的想法。

幾年後，崔熙調到公司的風險管理部門，進入一個完全不同的領域。這個部門由信孚銀行（Bankers Trust）的老將戴因斯（David Dines）領軍，向財星五百大企業中的大食品公司，銷售量身打造的複雜衍生性金融商品，這些公司每個月買千百萬美元的農產品，需要保護自己，也就是需要避險，避開食品價格可能變化的風險，由風險管理部門協助他們執行避險投資。崔熙知道，問題是農夫也面對完全相同的價格變化風險，他們畢竟也必須賣掉別人想買的東西。崔熙指出，「近來農夫必須變成氣象專家、農業經濟學家與環境學家，喔，農夫還得變成交易專家。」這種狀況當中似乎有絕佳的機會，可以讓他把對穀物業務的了解，跟風險管理部門的衍生性金融商品知識結合起來，滿足農夫的需求。

不過要推動這種融會貫通的觀念可能不容易，跟大企業相比，農夫是散居各地的散漫個體，當時很多人對衍生性金融商品毫無所知。雖然潛在的市場十分龐大，要找到每個農夫，用他們能夠輕易了解的說法，提供量身定做的解決之道，這是一大重要挑戰。網際網路解決了這個問題，逐一接觸每個農夫，費用可能貴得嚇人，網際網路卻使這個部門能夠用低很多的成本，行銷、溝通和匯集風險。兩個不同的世界——異場域——產生了碰撞接觸，一個是複雜的客製化衍生性金融商品新世界，另一個是穀物交易的舊世界，嘉吉公司靠著電腦能力的躍進，每天都可以在全世界應用這種觀念。

你是造成碰撞的人嗎？

這三種力量——人口流動、科學走向匯合以及電腦能力躍進——造成的異場域碰撞數目多得空前。在今天的世界上，哥倫比亞歌手可以結合中東與美國的樂曲；山羊奶、蜘蛛與釣魚線實際上全都有共通之處；靠著跨科系小組的努力，我們現在可以看穿猴子的想法。

當然我們並非全都希望創新，即使我們都希望創新，也可以選擇固守一個領域。但是你必須了解一點：因為這三種力量的影響無所不在，在你一生的時光中，你對一種領域的了解可能與其他領域交會很多次，找到這種異場域碰撞的個人或小組，可能造成世界的重大變化。我們的確是住在彼此相關的世界上，但是總要有人負責結合這些關係以製造異場域的碰撞，這個人可能就是你。

第二篇

創造梅迪奇效應

3 思考的技術與成就的高度

海膽冷盤與達爾文的鸛鳥

一九九五年元月初，紐約市阿瓜維特（Aquavit）瑞典菜餐廳大廚桑德爾（Jan Sandel）突然因為心臟病發去世，餐廳老闆史萬（Hakan Swahn）必須立刻找人掌理廚房，他決定派新雇用的薩繆森（Marcus Samuelsson）負責，同時尋找長久接任的人選，但是史萬有點猶豫不決，因為薩繆森相當年輕，他解釋說：「我們的組織很大、很複雜，我們的名聲非常好，不是可以隨隨便便就交給二十四歲小夥子接掌的小餐廳。」事後回想，這可能是他所做過最好的決定。

當時阿瓜維特是曼哈頓備受稱讚的餐廳，《紐約時報》給予一顆星的評價。但是薩繆森接掌大廚才幾個星期，奇怪的變化開始發生，獨一無二、結合世界各地食材的新菜色，在菜單上開始出現，新菜色如生蠔加芒果咖哩冰，看來似乎總是沒有道理，卻滿足想像和味蕾，跟顧客吃過的東西都不同。

不過是三個月後，《紐約時報》餐廳評論家賴休兒（Ruth Reichl）因為阿瓜維特餐廳創新而美味的事物，給這家餐廳罕見的三顆星評等，薩繆森成為最年輕就得到這麼高評等的大廚。她寫道：「薩繆森先生的廚藝細緻而精美。」此後，薩繆森成為美國著名的大廚之一，《美食》（*Gourmet*）、《食品與美酒》（*Food & Wine*）、《富比世》（*Forbes*）雜誌、探索頻道（Discovery Channel）與有線電視新聞網（CNN）都刊出他的專訪，他寫的烹飪書籍被票選為北美洲最佳烹飪書籍，彼爾德基金會（James Beard Foundation）頒給他紐約市最佳名廚獎，瑞士達弗斯（Davos）的世界經濟論壇（World Economic Forum）認定他是未來全球的行業領袖之一。阿瓜維特餐廳老闆史萬碰到著名的餐廳指引《薩加特評鑑》（*Zagat Survey*）發行人薩加特（Tom Zagat）時，薩加特當面推崇：「你的餐廳已經變得家喻戶曉。」

薩繆森傑出成就的基礎是什麼？什麼原因讓他創新成功？你跟薩繆森談話後，可能認為其中的祕密是十足的魅力、年輕人的精力與勤奮。他的聲音透出十足的力量與決心，他會迅速站起來，招呼認識的客人，實際上，他幾乎認識所有的客人。他對臉孔與姓名似乎有無比的記憶力，幾分鐘之內，他就介紹我認識剛剛進門的許多位客人，「這位是雷妮（Renee），」他微笑著說：「她是瑞典美國商會主席，你們兩個應該談一談。」毫無疑問的，魅力、精力與恆心對每個人都會有幫助，不過光是這些特質，不能說明他為什麼成為廚藝明星，要解決這個問題，要從他的廚藝創新開始談起。

薩繆森創製的食物顯然有獨到的地方，菜單上說，餐廳裡供應的是瑞典菜，你立刻可以看出這個說法正確無誤，鯡魚、山小紅莓與鮭魚有一部分的確是瑞典菜的特色。但是在阿瓜維特餐廳裡，這些食材跟你在一般瑞典菜餐廳絕對看不到的食物結合，至少在薩繆森開始利用這些食材之前，你絕對看不到這種結合。看看菜單中列出的下列菜色：

焦糖調味龍蝦

海帶乾麵、海膽香腸與花椰菜醬

鮭魚盤

肉汁加印度泥烤煙燻鮭魚、濃芥末醬加洋茴香沫

巧克力加拿許

甜椒覆盆子莓冰、檸檬草優格

龍蝦是瑞典菜，海帶乾麵不是，覆盆子莓冰不是瑞典餐點，至於檸檬草優格……噢，大部分瑞典人現在恐怕連檸檬草都沒有聽過，更不要說是用檸檬草做的優格了。我們從這些菜色裡，至少可以發現薩繆森的一部分成功祕訣。把印度泥烤用的鹽漬醋泡醬跟煙燻鮭魚結合雖然違反直覺，結果卻美妙之至，大膽用心就是薩繆森獨到之處。不可能的組合深具創意，又奇妙得讓人滿意。苧麻湯配海膽盤如何？或是綠蘋果冰配白色巧克力慕斯與起泡茴香醬甜點如何？薩繆森利用瑞典菜以海鮮為主的基礎、新鮮食材、野禽與若干保鮮技術，把全世界各地的食物結合在一起，讓阿瓜維特的客人在色香味方面，嘗試獨一無二的絕佳美味。

薩繆森靠著打破傳統烹飪的界線，完成這些成就，他具有一種不可思議的能力，幾乎能夠在世界任何菜色之間產生聯想，看出這些菜色跟他的瑞典菜食材基礎與烹飪技巧之間的關

聯。這種能力使他把瑞典菜與全球菜色這兩種異場域產生碰撞。現在我們問題的答案似乎相當簡單，薩繆森的創造性天才就是善於創製獨一無二的食材結合，讓味蕾體驗。他創造的食物大膽、特別，當然也極為美味，薩繆森和阿瓜維特餐廳當然應該食客如雲，門庭若市。

但是紐約市有成千上萬家餐廳，很多餐廳都有傑出的主廚，他們都看過和經歷過世界各地的食物。薩繆森怎麼能夠在這麼年輕的時候，就能如此震驚美食評論家和一般的食客？他怎麼能夠跳脫原本可以說是瑞典菜或歐洲菜的限制？什麼東西讓他能夠這麼自由自在，結合截然不同的觀念、想法、食材與風格？

答案是薩繆森的聯想障礙非常低，他善於輕鬆地結合不同領域的不同觀念。說明白一點，他善於從瑞典與世界其他各國之間，找到能夠出奇制勝的菜色組合。我們也可以像他一樣，打破自己的聯想障礙，事實上，如果我們希望找到異場域的碰撞，無障礙的聯想是必要條件。

聯想障礙是什麼？

想一想下面的情況：蘇姍（Susan）現年二十八歲、單身、個性直率，又很聰明。她主修生物學，輔修公共政策。從學生時開始，她就十分關心永續發展、全球暖化與過度捕魚的問題，她在政治上相當活躍，下列說法中哪一個比較可能是正確的？

一、蘇姍是辦公室經理人。

二、蘇姍是辦公室經理人，在環保運動上相當活躍。

如果你選第二個答案，你跟很多人一樣，大部分人會選這個答案。但是正確的答案是一，如果你對這一點覺得困擾，想一想另一個類似的問題，下面的陳述中，哪一個比較可能？

一、蘋果是綠色的。

二、蘋果是綠色的，又很昂貴。

這次答案比較明顯，顯然蘋果比較可能只是綠色的，比較不可能既是綠色的又很貴。兩個問題類似，卻用不同的方式表達，但是我們通常在第一個問題上會答錯，在第二個問題上卻不會錯。為什麼？關鍵差異在於兩種陳述方法，碰到第一個問題時，我們腦海裡很快的會做出一些聯想，關鍵字眼如永續發展、全球暖化與過度捕魚全都跟環境聯想在一起。在大部分的情況下，推斷蘇姍在環保運動中相當活躍很有道理，因此我們比較可能假定蘇姍是什麼樣的人，對於其他可能性比較沒有維持開放的心胸。這種聯想會自動在下意識裡發生，其中的影響相當細微，卻很有力。

心理學家對這種過程中發生的事情有一種解釋：認為腦海會把一系列的聯想分解開來，只要聽到一個字或看到一個形象，就會分解成一整串彼此相關的聯想觀念，這種聯想系列通常會圍繞著跟我們經驗有關的領域上。大廚在魚市場看到鱈魚時，可能想到特別的菜色，進而想到當晚菜單上的菜。但是娛樂性釣魚雜誌作者看到的事情可能大不相同，可能想到最近的釣魚之旅，立刻回憶起自己採用的釣具，覺得應該寫一篇跟釣具有關的故事。腦海這樣運作，是因為腦海走最簡單的路，跟過去聯想在一起。這位大廚可能知道娛樂性釣魚，偶爾也可能去釣魚，他的腦海卻可能不費什麼力量，甚至完全不費工夫，就引導思考型態走向他最常利用的領域——烹飪。聯想系列很有效率，讓我們快速的從分析化為行動。雖然聯想系列有重大益處，卻也有成本，它會限制我們廣泛的思考，不會像平常那麼容易質疑各種假設，會比較快的得到結論，也會為妨礙我們用其他方式，思考特定的情況，樹立障礙。

研究人員早就懷疑這種聯想障礙會妨礙創意，專家進行過很多實驗，評估聯想障礙高低之間的差別。率先進行創意研究的專家桂爾福（J. P. Guilford）初步的結論之一是：有創意的人因為從事所謂的分歧性思考，通常會做出不尋常的聯想。

看看下面的練習：你看到「腳」這個字時，會想到什麼字眼？最常見的答案是鞋子，其次是手、腳趾和腳。八百多個受測人員當中，八六％的人回答上述字眼中的一個。另一方面，回答老鼠、雪、物理學、狗或帽子的都各只有一個人。看看另一個例子，你看到「指揮」這個名詞時，想到什麼字眼？最常見的答案是命令，其次是軍隊、服從與軍官，這些答案占所有答案的七一％。只有一個人回答禮貌、順從、戰爭與帽子。桂爾福斷定，聯想障礙低的人碰到「腳」這種字時，比較可能廣泛的思考，因此能夠提出比較不尋常的觀念。這點表示聯想障礙低的人應該會發現：自己的聯想系列會走特定領域以外的不規則路徑，而不是走某種領域中可以預測的路徑。對這種人來說，腳和指揮甚至可能有關係，請注意，兩個問題中，都有帽子這個答案。聯想障礙高的人比較可能提出常見的答案，卻看不出兩個字之間有什麼關係，除非有人特別提示他們尋找其中的關係。

我說薩繆森的聯想障礙低就是這個意思，他會在瑞典菜領域之外，形成不尋常的聯想。例如，薩繆森想到番茄時，他聯想到的東西遠超出大部分瑞典或歐洲大廚。我說松子青醬（pesto）時，他想到的不是羅勒，他會說茴香。如果我說印度泥烤爐，他不是立刻想到雞，而是說煙燻鮭魚。這種情形可以連續一整天。

「林根莓呢？」

「印度酸辣醬，」他回答。

「凱撒沙拉呢？」我問。

「凱撒沙拉湯，」他回答。

了解我的意思了嗎？薩繆森會在遙遠的地方和意料不到的烹飪範圍中，尋找相關的觀念，然後把這些毫不相關的觀念整合起來，變成廚藝。換句話說，他設法打破不同烹飪領域的聯想障礙，因此他的觀念延伸得遠多了。

聯想障礙有好處，也有壞處

尋找異場域碰撞時，低的聯想障礙構成一種優勢。問題是我們保持自然的認知障礙是有很大好處的，我們的腦部演化成現在這樣是有原因的，腦部通常樂於尋找事物的秩序、集合不同的觀念，找到周遭環境的結構。擁有高聯想障礙的人碰到問題時，會快速得到結論，因為他們的思考比較專注，會回想到過去如何處理這種問題，或是回想到處在類似狀況的人如何解決問題。

另一方面，聯想障礙低的人可能想到把過去經驗中毫無基礎、或是不能用邏輯輕易貫穿起來的想法或觀念連結起來。因此，這種想法經常碰到「如果這種想法是好主意，別人應該早就想到了」之類的抗拒和反感。但是這點正是別人想不到的地方，因為兩種觀念之間的關係不明顯。兩個人或兩個小組——其中一個具有高障礙，另一個具有低障礙——會以完全不同的方式，處理類似的機會，看看下面跟達爾文（Charles Darwin）和古德（John Gould）有關的故事。

達爾文坐著英國軍艦小獵犬號（HMS *Beagle*），從事五年的環球之旅回來時，收集了加拉巴哥群島（Galapagos Islands）一大堆的鳥類。達爾文雖然一向善於記筆記，對這些鳥類所作的記錄卻很差，畢竟他這次旅行原來的目的是要研究地質學。回到倫敦後，達爾文把標示不清楚的鳥類收集，送給當時最著名的動物學家古德。達爾文對古德說，他收集的鳥類種類龐雜，包括鷽類、鶺鴒與黑鸝鳥，這些鳥對他一點也不重要。

六天後，他聽到古德的回音，驚訝的知道這些鳥類畢竟不是這麼亂糟糟的組合。古德解釋說：「這些鳥類主要是一種鷽類，從體型和羽毛來看，彼此都有關係，一共有十三種……」這點讓達爾文深感困惑，這些鷽鳥的嘴巴都不同，用處也不同，有些鳥嘴善於啄開核果，有些鳥嘴善於啄出昆蟲。何況鳥的種類數字跟加拉巴哥群島主要島嶼的數字相同，都是十三。很快的，古德讓達爾文再度感到驚訝，達爾文也收集了加拉巴哥群島的反舌鳥，他認為這些鳥是同一鳥種的不同變種。古德告訴他並非如此，每一種變種都代表不同的鳥種，每一個主要島嶼都有一種，但是古德並沒有深入研究下去。

古德顯然是分類學家，提出激烈想法的卻是達爾文：如果鳥類分隔在不同的島嶼上，一種鳥類是否可能分成兩種以上？這個觀念最後變成可能是現代最重大科學革命——天演論的基礎。

這個故事中值得注意的地方，不是達爾文的遠見和最後得到的成就，而是古德無法得到這種成就，他擁有專業知識，在所研究的領域中是領袖，擁有所能得到的所有資訊，卻根據分類學的規則，聯想自己觀察到的一切，因此根據這些規則看待達爾文收集的鳥類，他的見地很好，有助於增加我們對世界鷽鳥種類的了解。另一方面，達爾文的識見說明了一開始為什麼有分類學。他會閃現出靈光，是因為能夠打破自己的聯想障礙，下一章會說明如何打破聯想障礙。

4 如何打破聯想障礙

匯豐銀行與沒有食物的餐廳

打破聯想障礙是我們尋找異場域碰撞時，必須面對的第一個挑戰，但是怎麼打破？薩繆森、達爾文和其他人立下的典範有助於我們了解。這些人基本上能夠成功的打破自己的聯想障礙，是因為他們做了下面的一些事情：

- 接觸不同的文化
- 用不同的方法學習
- 扭轉假設，就能發現不同世界
- 採取多重觀點，就有加倍收穫

接觸不同文化

有一天，我從希斯羅機場走地下道往地下鐵車站，注意到世界最大銀行之一匯豐銀行（HSBC）的高明廣告。這些廣告立刻引起我的注意，因為廣告蓋滿了從機場到地鐵車站的所有牆壁。廣告由好多組三個一組的圖像構成，其中一張海報上面，有三個相同的黃色方格，第一格標明美國，下面的文字是懦弱，顯示黃色在美國代表懦弱。第二格標明馬來西亞，下面的字是皇家；最後一格標示委內瑞拉，下面的字是幸運內衣。

再往下走一點，可以看到另一張海報，上面有三隻相同的蟋蟀，其中一隻標明美國，底下是害蟲，中間的圖像標明中國，底下標明寵物，最後一隻蟋蟀標明泰北，文字是開胃菜，你現在應該了解其中的意義了。

匯豐銀行或代表該行的廣告公司在牆上，至少貼了相同廣告的十組變化，匯豐銀行相當高明的指出，雖然該行是全球性金融機構，卻深入了解各地的知識與風俗習慣。對我們來說，這種廣告也指出了另一點，那就是打破聯想障礙的起點：凡事總是有一種觀點，比較世界各地的文化時尤其如此（是障礙、是助力？端視你引用哪一種觀點而定）。

文化會規定規則與傳統，會定出某些思考和行動方式，有些文化十分重視融合，有些文化相當保守，有些文化強調團隊合作，有些文化注重個人主體。在某些文化中，性靈很重要，在別的文化中，只注重世俗觀念。我們可以一直爭辯下去，辯論古往今來是否有什麼標準一直都有價值，但是我們可以相當肯定的說，所有標準在某個時代都有價值，否則絕不可能成為標準，這就是為什麼文化多元化在打破聯想障礙時這麼有效的原因，我們利用不同的文化背景和經驗，可以更輕鬆的逃脫固定的觀點。

一九六〇年代從事創造力研究的主要心理學家康保（Donald Campbell）斷定「從傳統文化中澈底脫離、或是澈底接觸過兩種以上文化的人，在善於考慮眾多假設方面，似乎擁有優勢，並且利用這種方法，在創新頻率方面擁有優勢。」重點不在於接觸多重文化的人，看待事情時可能依靠兩種以上不同的方法，關鍵在於這種人不執著於特定觀點，完全是因為了解處理問題有很多方法，因此就比較可能從多重觀點看待事情。

文化多元化不只表示地理隔絕的文化，也可能包括種族、階級、專業或組織文化。一個人光是跟身邊大部分人不同，就可能促使這個人保持比較開放、分歧、甚至叛逆的想法。這種人比較可能質疑傳統、規則與界限，比較可能到別人想不到的地方去找答案。研究也指出，能夠講多種流利語言的人，通常會比別人展現出更多創意。語言用不同的方式，規定不同的觀念，在創造過程中能夠動用這麼多不同的觀點，有助於產生範圍比較大的聯想。

對薩繆森來說，文化多元化對他打破聯想障礙極為重要。首先，薩繆森不像瑞典人，跟你常見的瑞典人出身也不同。他是衣索比亞人，在衣索比亞首都阿迪斯阿貝巴（Addis Ababa）出生，但是三歲時，就因為父母死於流行病肺結核變成孤兒。如果不是瑞典哥登堡（Gothenburg）一對夫妻領養他和妹妹，他的一生可能大為不同。以黑人的身分在瑞典長大，讓薩繆森在看待事情時，可以採用跟身邊的人不同的觀點。薩繆森說：「我從來不認為哥登堡是我的一切，是我的最後依歸，我跟大部分朋友不同，他們全都計畫留在那個地區。」

他很幸運，從小就有機會遊歷世界很多國家，薩繆森的養父是地質學家，經常跟子女一起遊歷。遊歷讓薩繆森很早接觸廣闊的廚藝天地。「我還是小孩時，就在波蘭、柏林、俄羅斯與南斯拉夫吃過東西，度假時，我們會在法國、西班牙和其他國家品嘗美食，因此我很早就吃『奇怪的』食物，但是一切似乎都很自然。」

十六歲時，他進入哥登堡的廚藝學校，進而到瑞士與奧地利當學徒，學會法文和德文，同時也說英文，幾乎不說瑞典話。在他年輕時的所有經驗中，最重要的經驗是在郵輪上工作，環遊世界一年。他描述這段旅程時，其實已經同時清楚的說明自己是如何降低聯想障礙的：

我有機會在郵輪上環遊世界，在每個港口品嘗和烹煮食物。到當時為止，我認為只有歐洲和法國有美食，但是在遊歷期間，我發現到處都有美食，在瑞典、法國和瑞士當然有美食，但是在泰國、日本、印度、非洲和南美洲有更多的美食。這一年可能是我事業生涯中最重要的一年，我們可能在某一天從瑞典的歐倫森（Oresund）出發，三天後抵達芬蘭的赫爾辛基，六天後來到阿姆斯特丹，十天後到達法國的波爾多（Bordeaux），十二天後來到摩洛哥。我們到過北美洲、巴西、亞瑪遜河流域、巴拿馬、舊金山，然後到太平洋圈國家，不斷地前往新的地方。這時我才了解，如果我可以把自己從歐洲得到的知識，跟泰國、日本或拉丁美洲或任何地方的料理美味結合，我就可以做出讓人驚歎的食物。

在這次重要旅行結束之後，薩繆森知道他應該應用自己獨特的觀點和經驗了，他在巴黎三星級的喬治布朗餐廳（George Blanc）工作一年後，來到紐約的阿瓜維特餐廳。薩繆森需要一個可以專心烹飪，不必因為自己看來不像歐洲人，必須向餐廳老闆或顧客說明他的確會煮歐洲菜的環境。阿瓜維特餐廳的老闆史萬對薩繆森抱著開放的心胸，但是承認大多數美國同業要任命黑人當大廚，掌理以歐洲菜為招牌的高級餐廳時，很可能會猶豫不決。不過這種接受多元化的心胸成為阿瓜維特餐廳重要的特色，薩繆森接掌大廚後做的第一件事情是調整員工結構，甚至為了開放態度，犧牲經驗。看看今天阿瓜維特的情況，你會看到廚房裡有各色人等，阿瓜維特餐廳大約有一百名員工，國籍高達四十國。

在不同文化中生活與工作，花很多時間學習欣賞不同的文化，可以讓你更容易打破聯想障礙，甚至一開始就避免建立這種障礙。令人驚異的是，薩繆森的背景幾乎觸及文化多元化研究專家所說、有助於個人獲得不尋常聯想的每一個關鍵。這種背景讓他善於看出別人經常忽略的東西，他說：「大多數人搞混了瑞典菜的觀念，今天瑞典已經國際化，是各種人等混合的國家，今天的瑞典菜意義是由黑人來捲壽司，由韓國籍夫婦上菜。」

有何不可？

用不同的方法學習

梅德（Paul Maeder）是備受尊敬的創業投資業者高原資本公司（Highland Capital）創辦人，長久以來，他一直善於投資最後極為成功的小公司，為自己賺到可觀的財富。梅德也受過很好的教育，大學念的是普林斯頓大學（Princeton University），在史丹佛大學（Stanford）拿到機械工程碩士學位，在哈佛商學院拿到企管碩士學位。從他拿到的所有學位來看，你應該會認為他極為重視教育的價值，但是你跟他談話幾秒鐘之後，他就開始列舉一些個人和團體，說這些人能夠完成驚人的創新，是因為沒有受過正式訓練。他有一天告訴我，「以賴比德斯（Stan Lapidus）為例，他沒有醫學博士或哲學博士學位，卻想出令人驚異的方法，分析大腸癌病理學糞便樣本，把糞便放在攪拌器裡混合，就可以檢篩出癌症，幾乎沒有任何錯誤的陽性反應，的確是令人驚異的發明，想一想，他為什麼會想到這種發明？因為他不是醫生。」

我不是說梅德認為教育不好，如果他這樣認為，他就是活生生的反面教材。但是他顯然看出教育可能對創造力形成限制，為什麼？教育透過學校、老師和組織文化，通常會專注在正確的特殊領域。例如你希望成為傑出的醫師，你必須精通一些規則，良好的教育會教導你這些規則，你學到過去的專家與思想家的結論，利用他們的經驗，建立自己的專業知識，這樣可以學到有用的東西。如果花太多時間質疑基本的假設，可能對特定領域的專業知識有害，但是其中有一種代價，就是讓人變得比較容易堅持特定的思考方式，因而樹立起聯想障礙，使融會貫通的觀念比較不可能產生。

怎麼克服這種影響？方法之一是避免上學、不理專家，但是這種建議極不實際，不上學或排斥具有寶貴專業知識的人是毫無道理的。相反的，我們必須運用一些策略，讓我們能夠盡量學習最多的東西，卻不執著於用特定思考方法思考這些東西。

梅德可能找到了答案，長久以來，他評估過幾千份業務計畫，見過千百位企業家，能夠吸引他的團隊幾乎總是處在異場域碰撞中的公司。「看看生物工程、看看材料科學，都是涉及很多學門的學問，天生就是跨科系的學問。」他說你接著可以開始了解幾十種跨科系的創新。「有一個人想出新材料的成分，另一個人想到這種材料可以製造更好的滑雪板固定器，把兩個想法合在一起，就得到好東西。」梅德痛恨「單一學門累積知識的方法」，總是尋找能夠跨越領域界線的人。

那麼在梅德心裡，善用異場域碰撞的創新人才有什麼重要特質？長久以來，他發現兩個經常出現的特性。他說：「發明家經常都自學成功，通常是自己努力學習的人，經常有廣泛的學習經驗，精通一個領域後，又學習另一個領域。」博學和自學看來似乎是不同學習方法的兩個關鍵。

博通幾個領域的觀念背後有一個基礎，就是博學可以協助我們擺脫專業知識所建立的聯想界限。但是有什麼證據證明專業知識會限制創意嗎？一九九五年，心理學家史登博格（Robert Sternberg）與法蘭奇（Peter French）做了一個研究，在受控制的實驗室環境中，精確探討這個問題。他們在實驗中，要求專家和新手在電腦中玩橋牌，第一回合是玩標準的橋牌，專家顯然勝過新手，這點畢竟是我們把他們稱為專家的原因。

接著，兩位專家略微改變了遊戲規則，改變了牌組的順序（例如梅花高於方塊），也改變了牌組的名稱。這些改變讓玩牌的人一度覺得困擾，他們所需要做的是學習新牌戲或牌組名稱，專家在這回合裡再度打敗新手。

接著實驗進入比較深入的結構性改變時，出現了有趣的事情。玩橋牌時，發完牌之後要叫牌，接著是玩牌的階段，玩牌的階段分成連續好多次，在正常的情況下，每次出大牌的人贏牌，下次就由他先出牌。但是研究人員扭轉玩牌階段的規則，規定出小牌的人贏牌。這種改變對新手的表現幾乎毫無影響，新手不需要顛倒複雜的玩牌策略，因為他們根本就沒有發展出這種策略。但是對專家就不同了，專家再也不能採用原有的策略，同時很難想出新的策略。換句話說，專業能力雖然十分有力，卻可能使人更難以擺脫已經確定的思考型態。

布朗大學腦科學計畫小組主任唐納修同意這一點。他認為，學校如果能夠結合大學部學生與研究所研究人員和教授，可能產生驚人的效益。大學生顯然會從這種制度中得到好處，研究小組也會得到好處，唐納修解釋說：「大學生有不同的看法，有一些因為我們已經變得太盲目、再也看不出來的想法。這些想法當中，有很多好點子。」這樣不是說比較年輕的人比較有創意。然而，比較年輕的人經常比較不受一定領域中教育的限制，因為他們還沒有學到太多東西。因此可以想見，不論是年輕或年老時學習新領域，都有助於打破聯想障礙。孔恩（Thomas Kuhn）在很有影響力的傑作《科學革命的結構》（*The Structure of Scientific Revolution*）一書中指出，「幾乎所有創造發明出基本新模式、改變原有模式的人……都是很年輕或是剛剛進入一個領域的新人。」

梅德所說的運用異場域碰撞而成功的第二個特性是自學，自行學習領域和科別比較有機會從不同的觀點學習。事實上，正式教育跟創造發明成功之間的關係，經常像是ㄇ字形，也就是說，正式教育起初會增加創造發明成功的可能性，但是經過一個最好的時點後，實際上會降低創造發明成功的機會。對從事藝術生涯的人來說，這一點比較早出現，對從事科學生涯的人比較晚出現。

這一點有很多例子，愛迪生很可能是有史以來最偉大的發明家，卻沒有受過任何高等教育，然而他卻廢寢忘食的閱讀他感興趣的所有東西，不到二十歲，他已經讀完大部分重要的化學與電學著作，根據他讀到的東西，進行幾百次試驗。他說過，書本可以「告訴你東西的理論」，但是「實際去做才重要。」

賈伯斯是另一個例子，賈伯斯是蘋果電腦（Apple）和皮克斯公司的創辦人，沒有念完大學，這樣不是說他沒有自我學習，只是不在學校裡學習。這一切都顯示，花很多時間閱讀、畫圖、學習和實驗，卻沒有導師、同儕與專家的指導，的確有道理。不過話說回來，很多希望創新的人發現，自己沒有時間從事這些雜務，的確是很大的諷刺。然而，如果目標是要創造發明，這種實驗正好是你必須追求的東西。達爾文在學校裡的成績不如一般水準，因為他把大部分的時間用在英國鄉間了解生物方面的東西，或是直接跟學有所成的科學家談話。達爾文的父親罵他對生活中的任何事情都沒有興趣，達爾文最先進入物理系，然後轉到神學系，兩個系都沒有念完。最後他決定搭上小獵犬號，環遊世界五年，基本上靠著自己的力量研究地質學。最後他變成有史以來最重要的生物學家，可能也是有史以來最重要的科學家。達爾文斷定，「我認為凡是我所學到有價值的東西，我都是自學的。」

扭轉假設，發現不同世界

到目前為止，我們討論的兩種策略都跟打破領域之間障礙的長期方法有關，但是如果我們現在就需要一些新見地，這樣對我們沒有多少幫助。我們面對特定的挑戰時，是否可能強力破除聯想障礙？換句話說，我們是否能夠主動尋找異場域碰撞？有一個重要的證據顯示可以這樣做。我們經常聽到一種建議，說我們應該「忘掉」我們所學到的東西，或是不理會我們身邊的專家，以便解放我們的心靈。這種建議可能讓人困擾，在某種層面上卻有道理，可以讓我們在執行時，得到一些寶貴的小小指引。到底要怎麼樣才能夠理性的忽略專家，或是放棄過去對我們有用的東西？

強力破除聯想障礙表示在思考一種狀況、爭議或問題時，要引導心靈走不尋常的路。要達成這個目的，最有效的方法是進行逆轉假設。藉著顛倒假設，可以鼓勵心靈從完全不同的觀點，評估一種狀況，開啟通向異場域碰撞的道路。或許網路商業中最重要的發現是起源於顛倒假設。

人類利用密碼與加密的兩千五百多年歷史中，總是遵循一個基本「法則」：為了讓一方加密，另一方解密，雙方都必須擁有相同的密碼關鍵。這種法則有一個類似的情況，就是如果我把一個祕密訊息放在箱子裡，箱子加鎖，你只能用複製的鑰匙開鎖，我事前必須給你鑰匙。

這個「法則」對網路商業具有破壞性的影響，想一想，如果你首先必須同意網路書店亞馬遜公司的密碼關鍵，然後才在亞馬遜的網站上，輸入信用卡號碼。這個關鍵必須用別人無法得知的方式輸入，例如用電子郵件傳送風險太高，你也可以跟公司的代表在本地見面，但是這樣顯然壓倒了上網買書的好處。雙方需要相同鑰匙的事實可能妨礙整個網際網路電子商務的發展，還好這種情形沒有發生。一九七〇年代初期，網際網路還在萌芽時，史丹佛大學的狄菲（William Diffie）與赫爾曼（Martin Hellman）兩位聰明的破解密碼專家，逆轉了密碼學最基本的假設，如果雙方不需要相同的鑰匙，會有什麼結果？這種問題似乎違反邏輯，怎麼可能這樣？但是這樣是逆轉這種假設，狄菲與赫爾曼在密碼學與所謂單向函數這種特殊而有趣的數學領域之間找到交集，要了解這種函數在密碼學中的運作方式，最好的方法是回到盒子的例子。假設有一個叫做艾麗絲（Alice）的人擁有一把鎖，她可以把複製的鎖交給任何要鎖的人，因此，你希望發訊息給艾麗絲時，就跟她要鎖，拿到鎖之後，你可以把訊息放在盒子裡，用她的鎖鎖起來，把訊息傳送給她。然後，盒子一鎖上之後，連你也無法把其中的訊息拿回來，只有艾麗絲一個人可以這樣做，因為她擁有唯一的鑰匙。後來麻省理工學院（MIT）的李維斯特（Ronald Rivest）、夏米爾（Adi Shamir）和艾德曼（Leonard Adleman）三位研究專家合作，把這種密碼商業化，這種密碼就叫做李夏艾密碼（RSA cipher），沒有這種密碼，你就不能夠在網際網路上安全的購物。

要挑戰你對絕大多數事物的想法，顛倒假設是極為有效的方法。上面所舉的例子，米恰可（Michael Michalko，著有《創意的技術》〔*Cracking Creativity*〕）曾提到，他指出這樣做的目的不見得是要想出特定的想法，而是要震撼你的心靈，擺脫先入為主的想法，顛倒假設的做法如下：

一、首先，想一想跟你所面臨挑戰有關的狀況、產品或觀念，再深入思考跟這種狀況有關的假設。

二、接著寫下這些假設，再把這些假設倒反過來。

三、最後，想想如何讓這些顛倒的假設變得具有意義。

表4-1 顛倒假設

假設		顛倒假設
餐廳有菜單	⟷	餐廳沒有菜單
餐廳供應的食物要收費	⟷	餐廳供應的食物不收費
餐廳提供食物	⟷	餐廳不提供食物

例如，假設你希望開一家新餐廳，卻無法想出新的點子。首先列出跟經營餐廳有關的比較常見的假設，然後把這些假設顛倒過來，你列出來的假設可能像表4-1一樣。

現在設法從每一個顛倒假設中，想出應該可以創立永續經營餐廳的方法，下面是一些例子：

- 餐廳沒有菜單：大廚告訴每位顧客，今天從市場上買了哪些食材，顧客選擇自己要的食材，大廚為顧客創製一種主菜，特別為每位顧客烹製。
- 餐廳供應的食物不收費：這家餐廳是大家聚會、討論和合作的地方，餐廳根據停留時間收費，而不是根據所吃的食物收費，選定的低成本食物和飲料則免費供應。
- 餐廳不供應食物：這家餐廳設在奇異的環境中，裝潢獨特而漂亮，大家提著野餐盒，自己帶食物和飲料來，繳交利用這個地點的服務費。

如果某一種方案似乎特別有吸引力，你可以繼續深入探討，用開放的態度思考如何實現。關鍵不是要立刻找到你尋找的解決之道（但是可能找到），而是至少暫時擺脫最明顯的假設，讓你的腦海跳脫平常的連鎖環節。

還有其他方法可以進行顛倒假設，例如你可以逆轉一種目標，設法想出如何達成顛倒的目標，這種過程會迫使你的腦海用不尋常的方式處理常見的問題。想一想下面的問題：你怎麼能夠讓上銀行辦事變成最愉快的經驗？

即使你不是銀行家，以前也可能想過這個問題，你幾乎可以感覺到自己的腦海開始走著習見的路徑，腦海中想到的答案可能包括友善的客服代表、吸引人的裝潢以及在便利的地點設立自動提款機。但是如果你顛倒目標，會有什麼變化？怎麼樣讓顧客上銀行辦事變成最可怕的經驗？怎麼樣趕走顧客？很多人可能沒有深入思考過這種問題，但是答案或許能夠提供一些有趣而獨特的看法。

採取不同觀點，得到加倍收穫

假設你利用微速定時攝影術（time-lapse photography），觀察花朵的成長。你可能在探討大自然的節目中，看過這種快速移動的攝影術，這樣可以在幾秒之內，呈現花朵從泥土中發芽、開花、凋謝和枯死的過程。這種攝影方法有助於我們了解花朵的整個循環，對花的一生有另一層的看法。

現在改變你的看法，不是觀察花朵，而是變成花。想像自己變成藏在花裡面，能夠記錄周遭環境的攝影機。攝影機應該會記錄氣候、雨量、泥土，應該會攝下養分穿過泥土，流向根部的情形，應該可以記錄水分、照顧花朵的園丁，以及蜜蜂採蜜時為花朵授粉的情形。因這樣是用不同的方式觀察常見的東西，會讓你對花的本質，得到完全不同、甚至可能不尋常的看法。哪一種觀點會讓你得到新鮮的看法？哪一種觀點會讓你從科學和藝術的觀點，得到更多跟花有關的概念？

我們可以選擇看待任何狀況的方法，如果我們總是從同樣的觀點看待事情，通常會注意

到相同的東西。問大家上圖代表什麼，大部分人很可能會說，是由幾排交互排列的圓形與三角形構成的正方形。

比較不明顯的是，這張圖由幾行交互排列的圓形與三角形構成。如果我們針對一件事情，問不同的問題，就可以從新的觀點看這個問題，也可能引發聯想障礙的崩塌。文藝復興的代表性人物、也可能是有史以來最偉大的跨際專家達文西認為，要充分了解一種事情，必須至少從三種不同的觀點來看待這種東西。

環境管理與控制問題當中最重大的創新之一，就是用不同的觀點，看待舊問題得到的。一九七〇和八〇年代，環保團體和產業界認為，空氣汙染與隨之而來的酸雨分別是生態或政治問題，因此導致立法方面的抗爭與漏洞百出的政策。一九九〇年，政客與環保人士開始從市場觀點，看待這個問題時，想出了有效處理空氣汙染的重大創新。藉著形成市場，讓企業可以交易汙染權的方法，整體汙染排放的水準下降幅度遠超過過去。此後，其他國家處理空氣汙染、世界各國處理其他環保問題，如全球暖化問題時，都模仿這種方法。（按：

一九六八年，經濟學家戴爾斯〔Dales〕在《汙染、財富和價格》〔*Pollution, Property and Prices*〕一書中提出汙染權這一概念。戴爾斯指出，為了實現對汙物排放的科學控制，政府可以作為社會的代表和環境的所有者，出售一定的汙染權，汙染者可以從政府那裡購買這種權利，企業也可從某種利益出發，在持有汙染權的汙染者之間彼此交換。）

看待事情有很多種觀點，你為什麼總是選擇最容易想到的觀點？如果你強迫自己，用不同的觀點看待一種計畫，就可以打破不同領域之間的聯想障礙，發現意料之外的關係。這樣聽起來當然比實際去做簡單多了，要有效的運用這種方法，你所選擇的觀點必須跟平常運用的看法截然不同。就像顛倒假設一樣，關鍵同樣不是找出特別的看法，而是解放心靈，逃脫固定的聯想環節。下面提出幾個建議：

- 把一種看法運用在別人或其他事情上：想像你正在設計一棟海灘別墅，這棟別墅要蓋成什麼樣子？現在假設你替畢卡索（Pablo Picasso）設計這棟別墅，設計上應該有什麼改變？忘掉你實際上不知道他想要什麼房子的事實，只根據你對畢卡索的認識來設計別墅。然後假設你替著名的歌劇男高音帕華洛帝（Luciano Pavarotti）設計海灘別墅，房間的大小應該有什麼改變，閥門的彎曲度應該怎麼變？你採用這種探討方式得到的看法如果跟用標準方式思考所得到的觀點結合，可能變成有趣而獨一無二的想法。

● 設定限制：一位瑜伽教師手骨斷裂後，不知道在等待手臂癒合時是否能夠繼續教學。但是她很快的發現，不能運用手臂後，她自然要靠新方法了解自己的身體和教瑜伽。藉著意外或刻意設定限制，我們或許會被迫探討不同的方法來解決問題。假設你希望在店內客服作業方面有所創新，如果你假設客服人員不能開口說話、或是雙手不能動，會有什麼情況？藉著設定限制，你或許可以打破障礙，想出原本想不到的想法。

打破聯想障礙之後呢？

阿瓜維特餐廳的事跡是成功的故事，事實上，薩繆森正準備再開一家餐廳。

「在哪一個城市？」我問他時，認定他會把阿瓜維特的觀念推廣到其他地方。

「就在紐約這裡」，他說：「是日本料理餐廳。」

這點讓我大感意外，日本料理？但是接著我了解了，畢竟，有誰更適合在日本料理方面創新，難道是善於烹調日本料理的專家嗎？還是像薩繆森這樣的人？

早在薩繆森到紐約前很久，舞台就已經準備好了，他的背景、教育和針對瑞典菜顛倒一般假設、從不同觀點看瑞典菜的方式，讓他能夠結合世界各地的廚藝觀念。他找到了異場域碰撞，因為他設法打破了自己的聯想障礙。

然而，這樣還不足以創新，融會貫通的觀念由不同領域的觀念結合而成，這種結合怎麼發生的？真正能夠發揚光大的觀念背後的祕密是什麼？我們在下一章要探討這些問題，看看一位年輕的數學家如何震撼遊戲業。

5 隨機組合，驚人碰撞

魔法風雲會與兩個教訓

一九九一年春天，一位叫做賈菲德（Richard Garfield）的年輕數學博士研究生，跟一家叫做海岸高手（Wizards of the Coast）的小型遊戲公司總裁艾吉森（Peter Adkison）見面，賈菲德設計出一種叫做羅博瑞（RoboRally）的紙牌遊戲，打算推銷給艾吉森。但是艾吉森不接受。「回去想一些不那麼複雜的東西來」，他告訴賈菲德，而且建議他設計出一種容易上手、便於攜帶、生產成本低廉的遊戲。

賈菲德設計出來的東西震撼了遊戲業，他設計出一種叫做魔法風雲會（Magic: The Gathering）的遊戲，這種遊戲跟任何紙牌遊戲都不同，一九九三年下半年，魔法風雲會開始發售之後，海岸高手公司賺了大約二十萬美元，對這家只有七個員工的新創公司來說，已經不壞了。但是隔年這家小公司賺了四千萬美元，到了一九九五年，海岸高手賣出的紙牌超過五億副。魔法風雲會引發了遊戲風潮，十年後，在世界五十多個國家裡，玩魔法風雲會的人超過六百萬人，每年在世界各地舉行十多萬場經過專家認可的競賽。事實上，魔法風雲會獨創出一種遊戲類別，海岸高手在美國推出神奇寶貝（pokemon）紙牌遊戲時，讓世界各地的小孩沉迷之至，引發宗教團體譴責這種牌。海岸高手的成就驚人，魔法風雲會與因此而產生的產業成為美國文化的一環。

賈菲德怎麼創造出這種不可思議的遊戲？他怎麼從一無是處的羅博瑞，想到讓他一夜之間變成傳奇人物的魔法風雲會？要了解其中的祕密，我們必須了解聯想障礙崩垮後發生的情況，必須了解異場域碰撞下發生了什麼事情。

蹦出來的魔法風雲會

賈菲德談話時深思熟慮，回答問題前會花時間思考。有次我用電話跟他說話，他客氣的說：「我還在聽，我還在聽，只是在想怎麼回答。」他的說法很精確，卻也有一點猶豫不決的特性，就好像他希望說出明確的答案，卻仍然希望稍後能夠略微修正。他有這種精確的特性，原因可能是他組合數學博士學位的背景，也可能是因為他從事遊戲設計的背景，使他接受各種可能性。不管原因是什麼，這個人顯然熱愛遊戲和競賽中的每一部分。

魔法風雲會早就是賈菲德的嗜好，他會把魔法風雲會放在書架上，隔幾個月拿出來一次，「略微思考一下，可能跟朋友一起玩，也可能是試驗新規則。」然後又放回架子上，擺到下次拿出來為止。總之，魔法風雲會真正推出前，他已經玩了八年，不過上市只是代表幾個月真正努力的工作。但是賈菲德不把想出魔法風雲會的想法直接歸功於這八年，而是歸功於在鄉下度過的某一天。「我所設計的遊戲都是漸進產生的，只有魔法風雲會例外，讓魔法風雲會與眾不同的點子是在某一個週末出現的，當時我到奧勒岡州（Oregon）看親友，我們到馬諾瑪瀑布（Multnomah Falls）去。我清楚記得這種點子出現的時間和地點。我突然靈機一動，想到這個點子，這個點子似乎是憑空出現的。」

要了解賈菲德的觀念為什麼這麼有革命性，我們首先必須略微了解這種遊戲的玩法。玩魔法風雲會時，兩個玩牌的人各拿自己擁有的一副牌對抗，這些牌分成生物、土地和魔咒等種類。玩牌的目標是用手中的牌，形成不同的策略性組合，摧毀對手，讓對手的生命力分數從二十降到零。到這裡為止，這一切似乎都沒有什麼特別的地方，可能讓你想起比較高級的西洋棋牌戲，在這兩種遊戲中，你都可以用擁有不同功能的紙牌，發展出很多種策略。

但是賈菲德在馬諾瑪瀑布想到的點子，讓魔法風雲會在設計上有一種重大的差異，使魔法風雲會幾乎跟過去的所有紙牌遊戲完全不同。賈菲德回憶說：「魔法風雲會的重大突破是我想到不是所有的人都必須有相同的牌。」開始玩牌前，每一個玩牌的人都有一副牌，由六十張牌組成，包括怪獸牌（monster card）、土地牌（landscape card）和魔咒牌（spell card），六十張牌都是玩牌的人私藏的東西。每個人收集的牌跟別人可能大不相同，因為所有流通在市面上的牌有幾百種，甚至有幾千種。

玩牌的規則是這樣的：某一個人買一副牌時，會拿到六十張牌，但是這六十張牌只代表流通在外整個牌組的一小部分。如果他買另一副牌，很可能會拿到一些他已經擁有的牌，加上一大堆新牌。這點表示其中一個人玩牌時，可能拿出強力怪獸牌（Juggernaut monster card），對方可能從來沒有看過。即使如此，對方也很快就能了解這張新牌對他自己的策略有什麼影響，因此在繼續玩下去時，可以輕鬆的接受這張牌。因為玩牌的人自己帶自己的牌，實際上，大家可以用對手從來沒有看過的牌，從頭玩到尾。

好好想想這一點，想想你跟別人玩梭哈，有一家突然用完全不同的新牌，拿出一手同花順，還說：「這是橢圓形的牌。」你很可能會搞混，也可能很生氣，牌不是這樣玩的。幾乎在整個人類歷史上，玩遊戲都必須公平。例如你下西洋棋，起手之前，你預期所有的棋子都放在棋盤上正確的位置上，魔法風雲會不是這樣玩的。

玩魔法風雲會結束後，對手可能會仔細研究新出現的強力怪獸牌，判斷自己喜不喜歡這張牌，用自己重複的牌換這張牌。實際的情形是有時候有些牌很常見，像強力怪獸牌就很稀少，不管你買多少副牌，稀少的牌都很難買到，要得到這種牌，唯一的方法是跟別人交換，這樣就可能必須加入本地或網路上的玩牌團體，或是在會議上跟別的人見面。此外，海岸高手每年還發行新的牌組，使找牌和買牌變成持續不斷的新挑戰。

結果如何？玩牌的人光是為了得到某一張牌，就會買所有的牌組，更有趣的是，他們會找出一百萬種以上的方法，找到其他玩家，彼此換牌。很快的，玩牌的人開始為了改進玩法以外的原因換牌，可能是因為他們預測稀少的牌價值會提高，或是希望得到整副牌。（按：如果你還是搞不懂這種牌戲的玩法，請你到小學門口找個孩子問問吧。）

等一等，收藏品不就是這樣嗎？想想球員卡、想一想郵票和錢幣。還記得垃圾桶娃娃卡（Garbage Pail Kids card）嗎？這些東西可以購買、收藏和交換，形成令人驚異的自我強化風潮與迅速擴大的收藏家網路。

這就是魔法風雲會的祕密，魔法風雲會跨越了收藏品和一般遊戲，難怪被人叫做收藏牌戲或交換牌戲。賈菲德那天在奧勒岡州馬諾瑪瀑布想到的跨領域想法，其實是遊戲以外的收藏品領域的觀念，但是他把兩個世界結合起來，這種結合關係既獨特又極為成功。他說：「這種牌戲上市後，銷售速度快得根本不可思議，就像病毒一樣傳播，我在研討會上談到這種牌戲和規則時，大家聽得出神，十分入迷，我不知道是什麼東西這麼迷人，但是在這種牌戲出現之前或之後，我從來沒有看過大家對什麼東西這麼認真過，最初發行的一千萬副牌大約在四個月內就賣光了。」

賈菲德認為，魔法風雲會這麼成功有兩個原因，一個是長久而令人興奮的學習期間，另一個原因是玩家團體不斷擴大。如果你深入了解他說的話，就會看出他談的是遊戲和收藏品的交集。賈菲德解釋說：「玩任何遊戲的人都會經歷好幾個不同的階段。」首先他們要學習規則，然後是學習重大戰略觀念、令人興奮的階段。以下西洋棋為例，這個階段可能是學習如何保護自己的棋子，如果兩個人同時學習，先發現另一種高招的人會贏棋，然後另一個人會模仿，針對新的策略做出改善，這種情形會持續不斷的來回進行。賈菲德說，遊戲慢慢的進入第三階段，要找到新策略難多了，得到的報酬也小多了。大部分玩家發現這個階段讓人困擾，不是不再玩遊戲，就是安於讓人比較舒服的玩法。在下棋的這個階段裡，下棋的人繼續下，其實卻沒有進步，基本上是走一再同樣的走法。「魔法風雲會有點不同的地方，是這種大幅改進的階段比較長，因為牌會不斷的變化。」

賈菲德又說：「此外，魔法風雲會確實創造出一種社群，比一般牌戲或紙板遊戲創造的社群大多了。你跟朋友玩這種牌時，會發現他們的牌跟你的不同，因此你們開始討論牌張和牌組的優點和缺點，可能交換一些牌，你就成為這個社群活躍的成員，被吸了進去。」魔法風雲會的社群關係很密切，玩牌的人會找朋友的朋友，找過去從來沒有見過面的人，只是為了換到一張特別的牌。賈菲德指出，在這個網路中的人互動的情形遠比玩大富翁的人活潑有力多了。如果你跟朋友玩大富翁，他們喜歡這種遊戲，自己可能會去買一副跟他們的朋友玩，但是大致上就是這樣了。

賈菲德談到魔法風雲會和那天在馬諾瑪瀑布發生的情形時，一切看來似乎極為簡單、極為明顯，但是如果這件事情這麼明顯的話，其他人為什麼沒有想到。賈菲德靈光一閃時，背後到底有什麼不同的地方？我們到底要怎麼做，才能產生跨領域的構想？

刻意營造跨領域的構想

心理學家梅爾（N. R. Maier）早年為了了解靈感的本質做過一個實驗，後來成為著名的創意實驗。接受實驗的人走進房間，看到高高的天花板垂下兩條長線，附近的桌上放了一些工具，包括一把鉗子。主持實驗的人告訴受測者，實驗的目的是要把兩條線綁在一起，受測者可以用現場所有的工具來解決這個問題。受測者通常會先試著把兩條線拉在一起，但是你可能已經猜到，不可能這樣做。如果受測者抓住一條線，走向另一條線，會發現拉不到另一條線，兩條線分得太開了。

為了解決難題，受測者必須用不尋常的方式，利用鉗子當擺錘，受測者把鉗子綁在一條線的尾端後，可以讓這條線來回擺動，然後拉著第二條線，向第一條線走去，在鉗子往回擺時，輕易的抓住鉗子，把兩條線綁在一起。

從上文的敘述來看，解決之道似乎顯而易見，大部分人卻發現當場很難解決，梅爾設法了解什麼東西能夠讓解決之道變得更明顯時，凸顯了這個實驗的意義。其中一個因素是當場提供的工具形式，要把鉗子當擺錘用，受測者必須用完全不同的方式思考，想到用不尋常的方式利用鉗子。但是如果當場提供的工具中有當作擺錘的鉛墜，受測者要解決問題就容易多了。梅爾也發現受測者對暗示的反應不同，有時候，主持實驗的人會在無意之間，拂動其中一條繩子，讓繩子動起來，在這種情況下，受測者非常可能快速解決問題。有趣的是，受測者經常看不出暗示是解決問題的契機，問他們怎麼想到解決之道時，他們都說不知道。

從這個實驗至少可以得到兩個重要的教訓，第一是創意的起源是用不尋常的方式，結合不同的概念。鉗子和線在實驗開始時雖然兩不相干，後來卻合而為一，成為鐘擺。第二個教訓是要探查靈感的起源很難，契機似乎是偶然、運氣，或是像賈菲德說的一樣，「憑空而來」。換句話說，創意是不同觀念的結合，是偶然出現的東西。這兩個教訓對於了解如何創造跨領域構想極為重要，因此需要深入探討。

教訓一：創意是峰迴路轉的觀念結合

社會學家柯特勒（Arthur Koestler）最先針對不同觀念撞擊出創意，提出大家普遍接受的理論。柯特勒在一九六〇年代初期，寫過一本深具影響力的著作《創造的行為》（*The Act of Creation*），他指出，創造過程類似讓大家大笑的過程。例如，你是否想過，你聽到好笑話時為什麼哈哈大笑？到底是什麼東西讓笑話變得好笑？

你只要想一想，就知道笑話通常是故事，開始時都根據你很容易接受的一種主軸，接著突然間，峰迴路轉，插進另一個觀念。這種轉折、或是觀念的撞擊會引起反應，對笑話來說就是引起笑聲。看看下面的故事：

三個人死後等著上天堂，守著天堂大門的聖彼得告訴他們，現在天堂人滿為患，只接受特殊死因的人，因此他要三個人說明自己的死亡原因。第一個人說：我住在高樓的十四層，懷疑太太紅杏出牆，有一天，我提早回家，到處找他的情人。終於發現他為了躲避，懸掛在陽台外，我連忙趕出，怒氣勃發，開始打他。他終於鬆手掉了下去，卻奇蹟般的，掉在地面上的一些小矮樹上，保住性命。我又想找一些重的東西砸他，最後把電冰箱砸在他頭上，但是這麼刺激的事情害我心臟病發作，我就死了。

他立刻獲准進入天堂。

第二個人接著說：哦，我住在高樓的十五層樓，正在清洗陽台時，突然滑了一跤，掉了下去，想不到我居然能夠抓住下一層的欄杆，我看到公寓裡面的男人衝出來救我，但是他沒有救我，卻開始踢我和打我，最後我再也撐不住，就掉了下去，不可思議的是，我因為掉在大樓旁邊的小矮樹上，活了下來，接著一個從天而降的冰箱砸了下來，砸在我頭上，我就死了。

他也獲准進入天堂。

最後第三個男人說：哦，我光著身子，躲在這台冰箱裡……

這個故事有個方向，清洗陽台的男人和可疑情夫搞混的結開始解開時，你可能已經開始發笑（方向性概念），這個故事接著插入一個意外的觀念，冰箱裡不是放滿食物，而是裝了一個男人。這個笑話清楚顯示，一個領域的人把自己的知識，跟不同領域無關的觀念結合時，會有什麼結果，這種結合經常立刻會造成哈哈大笑的反應。柯特勒說，這種反應叫做「哈哈」反應。相形之下，藝術性的創意會引起「啊！」的反應，科學發現會引起「噢！」的反應。

我們隨時會碰到這種時刻，只是必須認清而已。以詹森（Robert Johnson）為例，他想到黑人娛樂電視台（Black Entertainment Television）的想法時，正坐在計程車裡，聽別人鼓吹為老年人設立有線電視台的觀念。他知道「我們在黑人社區的印刷媒體已經這樣做了。」他突然把有線電視和美國非裔消費者結合在一起，一九七九年時，沒有人認為這種結合可行，二十年後，他把黑人娛樂電視台賣給維康通訊公司（Viacom），賺到三十億美元。

這點也清楚說明，為什麼跨領域觀念通常會這麼受人注意。最先研究創意的梅尼克（Sarnoff Mednick）寫道，「新組合的因素彼此關係越疏遠，其中的過程或得到的結果越有創意。」換句話說，如果結合起來的觀念大不相同，新觀念會同樣的更有創意。這就是為什麼把螺貝跟海灘結合在一起不會引人注意，但是把螺貝跟裝甲車結合在一起就會引人注意的原因，這也是為什麼把競賽秀跟金錢結合在一起，只會讓人打呵欠，把實況秀跟錢連在一起，就會產生全新的電視節目一樣。

因此跨領域觀念具有突破性，原因是這種觀念涉及的東西極為不同，結合的方式極為罕見，以至於大家都認為不可能。雖然這種結合並非總是會產生有用的東西，有時候卻很有用，如果是這樣，通常會像魔術一樣有效。

教訓二：靈感，總是隨機出現

聽別人談到在什麼時間和地點想到特別的想法，總是很有趣，其中的契機都很意外，通常是很好的故事。以賈菲德靈光閃現為例，他花了八年時間，設法改進魔法風雲會。但是重大的突破、也就是把這種遊戲從個人嗜好變成全球遊戲的革命性突破，卻是在一瞬間出現的，而且是他在瀑布旁邊時出現的。為什麼在這種時間和地點出現？雖然他是遊戲專家，為什麼在那個時刻想到魔法風雲會的關鍵，卻沒有特別的理由。看來他原本可能再經過幾年都想不出好主意，難道他只是運氣好嗎？

運氣對創新似乎真的極為重要，藝術家、企業家或科學家談到創新成功的原因時，你會聽到他們一再的說，是因為運氣的關係（努力是第二個原因，兩者的關係在第七章裡會說明）。我在第一章裡，曾經簡短提到寫作《引爆趨勢》的葛拉威爾，他不只是書籍的作者，也是《紐約客》（*The New Yorker*）雜誌的專欄作者，從他發表的言論，可以看出他擁有神奇的能力，善於把不同學門的觀念結合在一起，形成吸引人的故事。他會把密克羅尼西亞（Micronesia）的自殺狀況，跟曼哈頓的犯罪率下降結合在一起，而且抨擊警察利用讀心術（利用肢體、表情、生理反應臆測案情，而非根據實質證據）。我問他怎麼想到這些觀念。他告訴我：「一切都很偶然，有時候，我不知道想法怎麼出現的，都是很偶然間碰到的，有時候，有人告訴我一些有趣的事情，我記了下來。重要的是保持澈底開放的態度，會對某些資訊覺得驚異，大部分時間裡，我甚至不記得自己的想法是怎麼出現的。」不是只有他才有這種感覺，跟我談過話的人當中，大部分都難以說明自己的想法怎麼出現的，為什麼沒有早一點出現。

研究顯示，兩種主要的偶然結合跟產生創意有關。我把第一種結合叫做「憑空偶然出現的想法」，通常是在你設法解決問題時出現，通常心裡有一個特定目標，只是不知道答案或成品的樣子。這種情況在職場中很常見，目標可能是要創造新的行銷攻勢、新的獎助或是特殊效果技術。在這種情況中，答案通常在經過長期深入思考、然後有一段時間不太考慮之後出現，在這段期間裡，問題仍然擺在心裡，擺幾小時、幾天、幾週、幾個月，甚至擺好幾年，在這段期間裡，問題跟這段期間意外得知的其他觀念和印象結合，其中一種觀念或印象會跟現有的問題「碰撞」，產生新觀念或答案。

這段腦海處於暫時「平息」、接受眾多印象的期間叫做孕育期，這種創新過程已經有人深入研究和記載。賈菲德想到魔法風雲會，是這種偶然相遇的絕佳例子。這種「憑空閃現靈感」的時刻不只限於具有高度創意的項目，我們全都碰過一種想法就這樣憑空出現的經驗，起源是跟似乎無關的事情結合。

我把第二種偶然的結合叫做「有心無意的發現」，就是「有心人」碰到他原來沒打算發現的現象，也就是種豆得瓜的情形。我把這種人叫做「有心人」，因為除非這個人準備了解這種意外發現的意義，否則就可能輕易的忽略掉這種特定的觀察。一個人可能在某個領域中的一些事情上認真研究，然後在無意之間，在相當無關的某些事情上有所發現。這種偶然的發現在科技領域中有很多例子，最著名的例子可能是巴斯德（Louis Pasteur）在一八七五年發現疫苗，巴斯德去度暑假時，忘了自己在實驗室中培養雞的霍亂細菌。回實驗室後，他把舊細菌注射在雞身上，雞沒有像他預期那樣死掉，只得了輕微的病，然後就復原了。起初巴斯德認為，他注射的細菌有些問題，因此他培養新細菌，但是他把新培養的細菌注射到雞身上時，雞還是活了下來，巴斯德突然了解，雞在第一次注射後已經免疫，也就是經過預防接種，真是十分意外的發現！要是他不準備了解雞活下來的意義，就看不到這種發現！

在科學上，有心無意的發現有很多記錄，原因似乎是科學有說明實驗目的、陳述假設的傳統，因此，如果結論完全在實驗範圍之外，立刻就變得很明顯。在企業創業和藝術創作中，同樣有這種偶然發現的過程。例如，很多新創企業創業時，是針對特殊型態的顧客，銷售特定產品，但是經過幾年後，經常因為意外或偶然觀察到什麼東西有用或沒有用，改變產品或目標顧客。這種偶然的事情一樣會在每個人身上發生。

大部分人對於創意這麼依靠意外覺得有點困擾，我們認為，邏輯、技術或別的東西，或任何東西，應該跟創意有絕大的關係，我們認為，人應該可以想出什麼東西具有創意，不敵視「憑空閃現靈感」的時刻，或「有心無意的發現」，但是人確實會這樣。以魔法風雲會為例，賈菲德似乎可以用合乎邏輯的方式，想出這種遊戲背後獨一無二的組合？不太可能，這就是他拿魔法風雲會給艾吉森看之前，先拿沒有用的羅博瑞出來的原因。賈菲德要經過幾個月之後，才知道自己的另一種遊戲具有不可思議的創意，他也不知道自己什麼時候會有這種創意，換句話說，魔法風雲會是好運的結果。

但是這點不代表全貌，如果一切都是好運，看這本書或跟創新有關的其他書籍就毫無實際意義。我們知道，有些個人、團隊和組織比其他人更有創意，如果創意只是偶然的東西，就不太可能有這種現象。發現特殊跨領域觀念的機會能否提高？不但能夠提高，而且如果你希望產生突破性的創新，也必須如此，下一章會告訴你怎麼提高這種機會。

6 讓靈感碰撞源源不絕

恐龍滅絕的原因與解開德軍密碼

一旦你打破聯想障礙後，對於不同領域觀念的組合，態度會變得更開放，雖然你可能永遠無法完全控制這種組合，卻可以讓這種組合出現的機會提高，踏進異場域碰撞可以達成這個目的，本章要告訴你，很多個人和小組用了什麼方法來提高隨機組合出現的機會：

- 職能多元化
- 三教九流，跟各類人互動
- 尋找異場域碰撞

職能多元、多才多藝

過去一世紀以來，恐龍滅亡的原因是持續最久的謎團之一，恐龍在地球上橫行千百萬年，然後大約在六千五百萬年前，相當突然的消失。恐龍快速滅絕讓古生物學家幾十年來難以解答，產生很多推測，包括一些認真思考的理論，例如說恐龍患了花粉熱，與新出現的哺乳動物競爭失敗，或者根本是因為變得太龐大了。後來獲得諾貝爾獎的天文學家兼物理學家歐瓦雷斯（Luis Alvarez）提出一個說法，說一顆十公里大小的小行星在白堊紀結束時，擊中地球，這顆小行星激起了寬廣的灰塵帶，遮蔽了地球的大氣層，使氣溫下降，最後造成演化體系中一整個分支滅亡，這個說法現在是說明千百萬年前大滅絕的主要理論。

古生物學家知道，在地球的整個歷史中，小行星和隕石不斷地撞擊地球，那為什麼這一行中，沒有人提出小行星的理論？哦，簡單的說，他們沒有想到。歐瓦雷斯出身不同的學門，能夠把天文學跟古生物學結合在一起，因此更有機會發現其他專家忽略的觀念。

在不同的工作、計畫或嗜好之間遊走或變化，是產生非計畫性獨特想法有效的方法。我把這種過程叫做職能多元化，這是找到異場域碰撞常見的方法，歐瓦雷斯具有天文學與核子物理學的背景，他對古生物學產生興趣時，就發現了異場域碰撞。這種做法要成功，我們當然必須像第四章討論的一樣，在不同的背景之間能夠自由聯想，如果我們能夠這樣，就經常可以把舊的方法或架構，移植到新環境中，產生不尋常的觀念結合。例如，看看一位工程師對腎臟上叫做亨耳氏套產生興趣時的情形。多年以來，生理學家都認為，亨耳氏套沒有特別的功能，卻讓人想到逆流放大器這種增加液體濃度的機械裝置，這位工程師猜對了，亨耳氏套在我們的身體裡，正好是要發揮這種功能。

因此，如果你希望產生跨領域的觀念，花時間從事不同領域的各種計畫，這麼做的確有道理。不幸的是，大部分組織的運作方式不是這樣，使職能多元化變得難以完成；通常企業準備看出每個員工最適合做的工作，看出這種職位或領域後，公司會支持員工進一步專業化。例如，如果你是穀物交易專家，你就很難說服公司把你調去主管健保供應，你在穀物交易方面對公司比較有用。要把一個人從他專業領域調到他幾乎不了解的領域，似乎違反常識。如果你的目標是要以最好的狀況執行，並且在方向性的步驟上小小的創新，專業化是正確的道路。然而，如果你希望發展出突破性的新觀念，變化多端的經驗十分重要。

貝恩公司（Bain & Company）很清楚這種原則，董事長蓋迪西（Orit Gadiesh）是這種情形背後的推手。貝恩公司是世界著名的策略顧問公司，協助很多組織發展出創新的成長策略，如果一位客戶希望把自己的產品線打進德國市場，貝恩公司可以協助這家公司發展出專業而且成功的方法。

蓋迪西能夠成名，是因為她領導貝恩公司走出一九九〇年代的財務困難，讓公司重新走上成功的成長之路。她的名聲和祕訣在顧問業中十分著名，她的經歷也一樣有名，她在以色列情報單位待了兩年，「學習怎麼不被重要人士威脅」。念完心理系後，蓋迪西離開以色列，進入哈佛商學院，幾乎不懂英文，兩年後，畢業成績是班上前幾名。

蓋迪西在很多方面是叛逆而激烈的人，她對客戶不客氣，不怕違反潮流，每個人都搭上海嘯般的網際網路熱潮時，她拒絕上網，還說：「網路是一種工具！不是模式的變化。」讓她在當時的專家口中，贏得「恐龍」的封號，這件事當然是在網際網路泡沫崩潰，身價上百億美元的企業價值蒸發、垮台之前的事情，現在誰也記不得這些公司的名字。

我在貝恩公司波士頓總部會晤蓋迪西時，立刻注意到她不像一般的顧問。她沒有穿藍色的套裝，也沒有戴三件式的珠寶，樣子就跟我想像中的企業叛逆一樣，就像她自己。她至少戴了十五個手鐲，穿著高得驚人的高跟鞋，她的笑容很親切，神情專注，談不到一分鐘，我們就開始探討異場域碰撞。

「有人說，投資銀行家是現代的文藝復興人士，他們週末不上班時，喜歡騎馬或是做類似的事情」，她大笑著說：「這樣不是文藝復興人士，而是有嗜好的人，文藝復興人士是能夠看出趨勢與型態，能夠把自己所知道的東西綜合在一起的人。在我看來，現代文藝復興人士是對不同事情有興趣而好奇的人，因為你很好奇，你必須樂於在跟工作沒有直接關係的事情上『浪費時間』。但是話說回來，你偶爾也會在無意之間，能夠把這些東西整合在自己的工作上。」

乍看之下，蓋迪西似乎不是擁有多元職能背景的人，她一九七七年進入貝恩顧問公司就沒有離開過。我指出這一點時，她說：「我知道你的意思，但是這樣其實不矛盾，我經歷過所有的領域。」她經營貝恩公司的方針絕對不是專業化，她自稱是通才專家，或是她在公司裡想出的名稱「專家通才」，意思是善於為任何產業產生創新策略與觀念的人。她在貝恩公司裡，從來沒有選定某種行業，但所有產業幾乎都參與過。要了解鋼鐵業策略的本質，她不見得要了解怎麼生產鋼鐵（不過她確實了解）。「我看鋼鐵業時，就知道這一點，我的看法跟在鋼鐵業中工作幾十年的人大不相同。」她相信這種想法可以從企業以外的領域中產生，例如，她每年看的書將近一百本，而且沒有一本是跟企業有關的書。

蓋迪西在貝恩公司的文化中，灌輸這種價值觀，而且貝恩公司的組織大概比所有其他大型顧問公司，都更能反映這種價值觀。貝恩公司的確有分行分業與專家，旗下的顧問師卻在專業領域之外提供顧問服務，你會發現健保業的主管研究媒體策略。「他回到健保業時，會提出更多想法，也會為媒體策略帶來新的想法」，她解釋說：「別搞錯了，目前我們幾乎在每種行業中都有專家，我們旗下的人連睡覺時，都夢到自己討論消費產品和高科技，我們必須如此，這部分比較容易，但是我們不會讓員工在整個事業生涯中完全只做這種事，這就是為什麼我說我們讓員工轉換領域和範圍的原因，這是貝恩公司的基本事項，也是我們成功的主要原因，你確實利用機會做些別的事情時，在自己的專業領域中會變得更優秀。」

蓋迪西顯然認為，貝恩公司的顧問師如果能夠找到通往異場域碰撞的路，就更能協助公司的客戶。畢竟，這是她能夠出人頭地的原因。但是希望發展出異場域碰撞觀念的人，不能光期望組織提供他們歷練各種職能的機會，必須控制自己的命運，確保自己在事業生涯中，接觸不同的領域，就會做好準備，迎接更多偶然結合的觀念。科幻小說《沙丘魔堡》（*Dune*）作者賀伯特（Frank Herbert）是絕佳的例子，他把這種方法發揮到極致。

賀伯特在第二次世界大戰期間，是美國海軍認可的攝影專家，後來改行，在美西多家報紙當過記者和主編，也當過電視攝影師、廣播新聞評論員，甚至為加州的政客撰寫演講稿，他也在越南與巴基斯坦當過社會與生態研究顧問，還在華盛頓大學講授一般通識課程。還不只這樣，他也是潛水夫、柔道教練與叢林求生教練，一九七三年時，他還擔任電視節目《農夫》（*The Tillers*）的導播與攝影師。他工作和研究的領域十分多元，包括海底地質學、心理學、航海學與叢林生物學。他當然也是多產的科幻小說作家，一九八六年去世前，出版超過二十五本以上的書籍。

因此賀伯特可能有點與眾不同，很少人希望、甚至想模仿他極為多產而多彩多姿的生活。但是賀伯特是絕佳的例子，說明職能多元化怎麼能夠造成異場域碰撞。很多人認為《沙丘魔堡》是歷來最好的科幻小說，這本書和續集結合了眾多的理論，談到生態學、宗教、沙漠求生技巧、哲學與戰爭政治學，形成引人入勝的故事。賀伯特多元的職能經驗，以及把因此得到的知識融會貫通寫在故事中的能力，最後讓他在文學上大放異彩。

事實上，成功的發明家通常都同時從事好幾個彼此有關的計畫，根據什麼東西當時看來最有希望，在「一系列工作」間輪流進行。愛迪生和達爾文都有很多日誌和文件夾，儲存跟目前所從事計畫有關的筆記與文章，他們會定期評估自己的筆記，閱讀過去的計畫，重新考慮先前的想法，包括行不通的想法，他們用新的眼光檢討檔案時，可能發現跟目前難題有關的關係，可能想出新的解決方法。

三教九流，跟各類人互動

第二次世界大戰期間，盟軍跟德國海軍作戰失利，德國潛艇看到盟軍的護航船隊時，會發出密碼信號給這個地區的其他德國潛艇，合組成叫做「群狼襲擊隊」（wolf packs）的隊形，十分成功的攻擊盟軍船舶。德國人極為有效率，從一九四〇到一九四一年間，每個月擊沉五十艘以上的船，造成盟軍傷亡總共超過五萬人。

盟軍對這種攻擊束手無策，因為他們無法破解德國的密碼系統，德國的密碼是利用一種叫做「謎團」的密碼機產生出來的，這種密碼機是歷來最高明的密碼機。英國情報部門因此組成了歷來最高明的解碼團隊，總部設在一個叫做布雷奇麗公園（Bletchely Park）的維多利亞式大房子裡，雖然解密專家一向出身語言學的領域，這個小組也包括數學家、科學家、古典學者、西洋棋大師與填字遊戲愛好者，這些人在絕對機密的情況下合作，設法破解謎團，因此扭轉了海戰的形勢。

毫無疑問的，像布雷奇麗公園這樣的多元化小組，比較有機會想出獨一無二的想法。我不是說只有學科的多元化，也包括文化、種族、地理、年齡與性別的多元化。小組多元化讓不同的觀點、做法和心境出現。多元化在提高觀念結合的偶發性方面，也已經得到證明，是有效的方法。大家經常說，美國人發明的比率超越群倫，原因之一是美國的人口十分多元。經歷過多元小組發明能力的人，通常會盡一切力量，鼓勵小組的多元化。米勒（Steve

Miller）就是這樣的人，他是世界第四大公司皇家荷蘭殼牌集團（Royal Dutch/Shell）前執行長兼董事長，你只要跟他略微深談一下創新，很快就會發現，他認為多元化是重要元素，全球化使殼牌這樣的多國公司必須多元化。「你會發現，把不同種族、文化、背景和國籍的人聚在一起，創造出一種大家協調合作的文化，會產生確實很好的想法」，他說：「你一定會發現，這種多元參與者組成專案小組互相合作的方式，會產生最好的想法，會想出跟任何成員個別努力所想到的方法都不同的答案。」

因此，跟各種人合作是提高創意的好方法，這點看來似乎很明顯，大家卻很少利用這種方法。大家通常固守自己的科別與領域，固守自己的種族與文化。米勒經常發現，經理人理當了解由不同背景同事組成的團隊可能比較有創意，因為「你在腦海裡可以想通這一點。」但是米勒說，大部分人難以了解這種論證的邏輯，因此無法實際運用。他認為，如果你實際看過多元小組的力量，就更容易這樣做，「因為這時你真正了解這種方法有效。」

為什麼我們這麼不願意跟多元小組合作？原因至少有一部分跟人性的功能有關，人有一種跟類似自己的人在一起、避免跟不同的人在一起的趨勢。心理學家把這種趨勢叫做同性相吸效應。社會心理學家、奧巴尼（Albany）紐約州立大學（State University of New York）的白恩（Donn Byrne）率先在這方面進行研究，發展出研究這種心態的實驗。這種實驗的做法如下。他要求一群大學生說明自己對二十六個問題的態度，這些問題包括婚前性行為、單元劇，以及學生與教授對大麻合法化的需要，主持研究的人收集答案，這個實驗似乎就結束了。

兩星期後，受測者收到通知，說要進行新的研究，探討大家預測彼此行為的能力，他發給學生一些量表，顯示另一個受測者對前述問題的態度，然後要求受測者分門別類，評估這個受測者，例如他們對這個陌生人的觀感如何，是否願意跟這個人合作等等。但實際上沒有「其他受測者」（這種實驗技巧叫做虛構的陌生人技術）。實際上，主持實驗的人準備了這些量表，創造了跟受測學生態度類似或不同的學生，所有的實驗結果都顯示，如果虛構的陌生人態度跟受測學生的態度類似，受測學生會受到這個人吸引，比較喜歡虛構的陌生人，想跟這個人合作，在每一方面都給這個人比較好的評價。

這種結果讓人驚異的地方，不是大家受同性相吸，我們從個人經驗中，就可以知道這一點，讓人驚異的是這種效應可以充分預測。白恩博士發現，類似的程度增加，吸引力便增加，這種效果可以預測的程度極高，因此可以利用迴歸方程式表示，也就是說，當特定的幾個因素改變時，這條數學式子可以八九不離十的算出此人的反應。

這種同性相吸效應對我們努力組成多元團隊有相當大的殺傷力，例如大部分人認為，自己相當善於跟求職者面談，有些人甚至宣稱，從求職者一踏進門，就可以看出這個人是否合用。他們會說：「你如果像我做這種事這麼久，也可以立刻看出來。」這種說法違反一百多年來成千成百的研究，有關的研究斷然顯示，把鬆散的面談當成選才的工具幾乎毫無道理，這種面談不能讓我們得到充分的資訊，無法了解求職者的能力。這個問題還有很多原因，大家通常會尋找別人跟自己相同的地方，主持面談的人和接受面談的人會設法快速尋找共同的地方，如果能夠找到，彼此就會有好感，結果大家通常會錄取就像自己一樣的人。我們這樣做，是因為我們受主觀偏見影響，尤其是受同性相吸效應影響，即使我們希望用不同種類的人，創造出創新的環境，也要對抗經過幾百萬年演化的這種期望，但是如果我們希望讓自己和組織進入異場域碰撞，我們就必須多元化，怎麼多元化？

史丹佛大學的沙頓教授在他寫的《11½逆向管理》（*Weird Ideas That Work*）一書中，建議了幾種方法，其中一種怪異的方法是雇用讓你不舒服的人，甚至雇用你不喜歡的人，如果你因為「我喜歡她」或是「他就像我們一樣」，考慮雇用一位求職者，假設這種工作或小組所需要的人需要有創意，這點實際上可能正是不雇用這個人的原因。為了對抗這種傾向，經理人可以警告自己，不要像大家一樣，雇用太多像自己的人（例如了解同一個學校畢業生的比率、地區、科系、職能背景、過去所服務的公司、年齡、種族與性別的比率）。沙頓也鼓勵企業雇用至少暫時不需要的人，這個建議乍看之下有點奇怪，但是如果雇用的人不是要補充既有的角色，這種人比較可能為公司帶來新鮮的東西，如果他們受到激勵，深入參與，會在自己的技術與組織的需要之間找到交集。

大家經常看不出這種建議的反面也正確無誤，換句話說，如果你希望產生融會貫通的觀念，應該尋找一種環境，以便跟你合作的人和自己不同。換句話說，尋找人人都跟你相同的環境，一定會妨礙創意。如果你受到一個組織吸引，原因是裡面每一個人的看法都跟你相同（不管是同樣使用左腦、右腦或在藝術、財務或其他方面相同），而且認為這樣對你多麼有幫助，你最後可能會跟言行和你很類似的人在一起，你們的團隊會處得很好，會有很多成就。但是這個團隊會創新嗎？非常不可能，每個人開始時都一心一德，最後也是一心一德。

即使組織很有機會利用不同種類的人，經常也做不到突破聯想障礙。第一章討論的布朗大學腦科學小組主任唐納修認為，布朗大學開放又關係密切的環境是他們成功的主因，但是他認為其他大學不容易發展出這種環境：「我參觀其他實驗室，經常注意到對面就有另一個研究小組，我會說，如果兩個小組能夠聚會、交換意見，會非常好。他們會說：『聚會？我甚至不認識對面的人。』我很驚訝，因為我認為這種互動是我們成功的重要關鍵。」

雖然如此，我得很快的承認，要遵從這種建議不容易，除了遺傳因素之外，我們習於跟類似我們的人聚在一起還有一個原因，因為這樣會讓一切變得容易多了。雇用我們不喜歡的人可能帶來麻煩、帶來爭論和不利的氣氛。要把出身不同科系和文化、擁有各種思考型態、不同價值觀和各種態度的人組織起來，跟建構創新團隊不同，除非能夠正確的管理團隊，三教九流聚集的團體互動的基本問題會對你不利。

對有心這樣做的人來說，消除衝突中的個人性質很重要，大家對於團體中任何人的意見，應該可以表達不同意的意見，但是不同意不能沒有原因。如果爭論不明確，歧見可能讓大家覺得自己受到不公平的待遇，成為大家的目標。維持開放的環境，讓所有想法都得到公平待遇也很重要。團隊領袖可能會在有意或無意之間，限制團隊成員中的某一整套看法。我們處在異場域碰撞時，需要以最多的機會，讓觀念偶發性的結合，由不同種類的人組成團隊，能夠自由自在的交換和結合彼此的觀念，正是使這種情形出現的環境。

尋找異場域碰撞

為了產生跨領域的想法，我們必須創造機會，讓偶發性組合發生的頻率提高。像賀伯特和蓋迪西那樣，讓職能多元化時，會形成這種環境，讓不同背景、態度與文化的人互動，像破解「謎團」的解密專家那樣，或是像殼牌那種團隊的做法一樣，也會形成這樣情形。兩種策略都是靠著多元化，致力提高不同觀念偶發性結合的機會，但是在我們需要時，是否可能把這種過程提升到檯面上？

如果增加偶發性結合是產生跨領域觀念的關鍵，刻意在我們的思想型態中加入偶發性就有道理，這種建議看來有點奇怪，因為我們很少用偶發性的方式做任何事情。例如，如果你希望想出更好的方法來傳送電訊訊息，那麼你為此去探討跟螞蟻獵食行為有關的觀念，會讓人覺得奇怪，這個主題跟通訊問題沒有明顯的關係，因此沒有人去碰。但是這種方法雖然違反直覺，是否可能產生意義重大、實際可行又創新的想法呢？

確實可以，你在本書稍後，會看出螞蟻和通訊之間怎麼產生關係，學術研究和很多一般資訊都清楚顯示，在我們的思考型態中加入偶發性有很多好處。我把刻意尋找不尋常觀念結合的方式叫做尋找異場域碰撞，矛盾的是，要尋找異場域碰撞，有一些有組織的方法。

尋找異場域碰撞表示你在不可能的地方尋找關係，然後看出這些關係的方向。愛倫坡（Edgar Allan Poe）為下一部小說構思新情節時，會無意的在字典裡找兩、三個字，然後設法把這些字串在一起，如果他能夠找到其中的關係，他就開始寫作，如果找不到關係，就另外找三個新字，再試一次。我在上一章提到的米恰可，說明了另一種尋找異場域碰撞的方法，他把這種方法叫做「從事思想散步。」

如果你在研究一個特定問題，或是剛剛開始構思一種想法，你可以從事思想散步，增加偶發性組合發生的機會。在從事思想散步期間，你可能在辦公室裡閒逛，逛進停車場，或是在街上散步，要撿拾、借用或記錄思想散步期間注意到的東西（例如釣魚桿、冷水器、香水瓶、門鉸鏈、水仙花等等）。不要選擇你認為跟問題或想法有關的東西，因為這樣就會變成計畫性、而不是隨機的觀念組合，要選擇沒有明顯關係的東西，你的目標是找到關係。

從思想散步回來後，寫下你撿拾或注意到的每個字眼或物品的特性。以畫畫為例，可能包括各種特性：例如用不同的媒體如油彩、水彩、電腦或鉛筆作畫；畫可大可小；通常掛在牆上；經常隨著時間增值；畫作是收藏品；常在博物館裡看到等等。現在你設法強迫自己，在這些性質和你研究的問題之間找出關係，這樣產生的想法可能讓你得到獨一無二的看法，可能可以解決你的問題。米恰可舉出一個例子，說明成功的思想散步是什麼樣子：

幾個月前，一群工程師設法尋找安全而有效的除冰法，希望消除冰風暴期間電力傳輸線上的冰，卻處處碰壁。他們決定在旅館附近，從事一場「思想散步」，其中一位工程師回來時，帶了一瓶在禮品店買的蜂蜜，他建議把蜂蜜瓶子放在每根電線桿的頂上，他說這樣會吸引熊，熊會爬上電線桿找蜜，熊爬電線桿時，會使電線桿搖擺，把電線上的冰震下來。利用震動的原則，他們想到讓直升機在電力線上盤旋，把冰從電線上震下來。

尋找交集時，必須公平對待每一種偶發靈感的泉源，暫時擺下手頭的工作，拿起筆記本，強迫自己在無關的觀察與手頭問題之間，尋找關係，只要有時間，運氣又好，你會找到引發特殊看法的觀念。例如搭飛機前，買幾本你平常不看的雜誌，選擇其中一頁，設法把上面的東西和你致力解決的問題聯想在一起，如果你找不出關係，或是找到的關係似乎太離譜，就翻下一頁，但是不要停在跟問題明顯相關的材料上。假設你正在寫一本旅遊指引，你可以看烹飪書籍，尋找想法。你下次計畫一種餐飲時，也可以在旅遊指引中找靈感，利用任何一種方法，都會提高機會，找到不可能找到的領域交集，也找到隨著這種發現而來的特殊想法。

不管我們喜不喜歡，創新過程都是由不同觀念的偶然結合主導，經常創造新突破的個人和團隊都知道這點，因此會盡量提高自己找到交集想法的機會，為了達成這個目標，他們會在自己的職業、團隊和遭遇中，引進多元特性。這種方法對賈菲德很有用，海岸高手繼續用方向性的方式，培養收藏牌戲產業。另一方面，賈菲德卻已經往前進，設法發現下一個重大的創新。「把私藏的舊想法拿出來，想出將來怎麼運用這種想法，會有很多收穫」，賈菲德說：「因此我現在正在研究很多不同的學門，設法把這些學門結合起來，希望想出一種新遊戲。」找到跟遊戲業過去所見大不相同的東西。

準備迎接另一股力量

到目前為止，本書提出的故事和策略都是希望協助你，找到不同領域的交集，你在這種異場域碰撞上，會有更多機會，發現稱不上革命性創見的觀念組合。但是值得注意的是，光是這一點，不能完全說明異場域碰撞怎麼能夠創造梅迪奇效應，讓創新勃發，其中還涉及另一種很強大的力量。

7 引發觀念爆炸

手工潛水艇與《管鐘》

一九八二年夏季一個平靜的傍晚，多產的發明家和工程師藍斯（Hakan Lans）夫婦一家剛剛在斯德哥爾摩群島之間，航行了幾天，享受罕見而且連續一陣子的好天氣，這天快到傍晚時，他們在一座小島旁停下來，藍斯決定到島上散散步，他爬到這座島的最高點，輕鬆、安詳的坐下來。

在這次航行前，藍斯心裡一直想著一個特別複雜的問題，大約一年前，他得知美國軍方有一種新的全球定位系統（GPS），也就是部署一組衛星，協助軍方航行與定位。今天全球定位系統支援眾多商業用途，包括追尋失竊的汽車和自己的小孩，但當時卻是全新的東西。

即使是那個時候，藍斯都知道可以用不同的方式，在範圍大很多的科技中，運用全球定位系統的衛星網路，作為讓飛機與船舶更安全航行的一種方式，讓每一架飛機，都可以跟所有其他飛機協調，而不是依靠昂貴又容易發生事故的人力操作雷達站系統，他想像的系統應該可以節省好幾十億美元，可以拯救人命，也可以使日漸擁擠的空中航道騰出空間。

問題是他的構想不可能實施，藍斯面對的似乎是無法克服的物理限制，要讓這種構想化為實際，所有飛機幾乎都必須在相同時間，向附近的飛機廣播自己的位置。當時能夠這樣做的科技叫做分時多路進接系統（TDMA）這種科技十分不完備，要了解TDMA的限制，最好的方式可能是想像同時有好幾千人大聲叫喊，說明自己的位置，就像清晨熱帶雨林中眾多野獸呼喊一樣，因為每個人的聲音都淹沒在其他人的聲音裡，不可能聽到某些人說了什麼話，因此這種系統應該沒有用。

藍斯在島上的最高點，離電腦和科技極為遙遠，他想像的導航系統問題突然之間聚焦，他看著閃閃發亮的大海，想到一個想法，如果飛機只有在另一架飛機接近時，才廣播自己的位置如何？畢竟這時才是可能發生碰撞的時候吧，這樣不就可以釋出一些航行時間，讓飛機用比較有秩序的方式通訊？他心想，這樣應該、這樣應該可以……

藍斯說明當時的情形，說他的呼吸慢了下來，周遭的一切似乎都凍結了，一個聯想跟另外一個聯想結合，整個相關構想和發明的情況在他心眼前展開，他開始發抖，於是站了起來，跑回船上，他需要恢復工作。

構想數量與素質之間的關係

成功的發明家是否有什麼明確的性質，對於想出突破性構想的人而言，是否有什麼事情比較正確？確實有，就是最成功的發明家產生和實現的構想多得驚人。

事實上，跟構想素質關係最密切的東西是構想的數量，深入觀察新產品、歌曲、書籍、科學論文、策略觀念、任何類別或任何領域的構想數量，都會發現其中的分布並不平均。你在任何領域的創造性活動中，通常都會發現大約一〇％的發明家占了所有發明的五〇％。有些個人或創意小組想出的構想，比對手多出十倍、一百倍、甚至一千倍。不只是這樣，最會創新的人也是在創新方面最有影響的人，過去是這樣，例如畢卡索創造了兩萬件藝術作品，愛因斯坦（Albert Einstein）寫的論文超過二百四十篇；巴哈（Johann Sebastian Bach）每週寫一首清唱劇；愛迪生申請的專利數目創下紀錄，高達一千零三十九件。這種情形今天仍然如此，據說搖滾巨星王子（Prince）的祕密「寶庫」中，存放了超過一千首歌曲，而維京集團的鬼才老闆布蘭森（Richard Branson）創立了二百五十家公司。

想想經常被人認為可以得諾貝爾文學獎的作家歐帝絲（Joyce Carol Oates），她在一九六四年出版第一本小說，將近四十年後，一共出版了四十五本小說、三十九本故事集、八本詩集、五齣戲劇、九本散文集，還為十六種詩文集寫作，她寫故事的方式就像我們在問候卡上簽名一樣，這種人就是善於創新的人。

為什麼有些善於創新的人這麼多產？這點跟異場域碰撞是否有什麼關係？本章會回答這些問題，因為要了解為什麼異場域碰撞在創造梅迪奇效應方面這麼有力量，這些問題是關鍵。基本的答案是這樣的：不同領域、文化和學科的異場域碰撞會產生不同構想的組合，但是也會產生大量的這種組合，因此處在異場域碰撞中的人尋找正確的構想時，可以追逐更多的構想。

我研究異場域碰撞時碰到的每一個人，幾乎都強調他們必須嘗試很多構想，以便產生一些突破性的東西。或許沒有人比藍斯更能凸顯這一點，你很可能從來沒有聽過他，他卻是我們這個時代最多產、最成功的發明家。

創意大師的真相

藍斯給我的第一個感覺是外表樸實，他過得很簡樸，遠低於他的財力，住在不錯卻不豪華的房子裡，開的車子不錯，卻也不是豪華名車。他不希望成為焦點人物，但是顯然也不害羞，一旦進入狀況，他幾乎可以天南地北，連續好幾個鐘頭討論任何事情。

他給我的第二個感覺是：他跟本書描述的大部分人不同的地方，在於他整個一生都在一個地方，也就是斯德哥爾摩市裡頭成長，大部分時間也住在這個城市裡。藍斯靠著不同的學習方法，打破聯想障礙，他幾乎自學成功每一種科技與工程學門，他也善於找出很多領域中的交集，他會告訴你，這是他成功的原因。今天他雖然沒有正式的博士學位，卻是瑞典最受尊敬的科學家，他的祕密是什麼？他怎麼能夠走到這種地步？

簡樸的生活之外，他的日子裡也伴隨著一些高明間諜小說中常有的餘興節目，包括國際間諜戰、代價高昂的訴訟與專利權剽竊案。他一心一意的控告日立之類的公司侵犯專利權，並且挑戰聯合國之類的世界組織與歐洲聯盟。但是他也提出極多的構想和創新。

他最重要的發明大概是發展出自組式分時多重擷取（STDMA）導航系統，他在那個小島上憑空閃現的靈感到最後，促使他獨力花了很多年時間，推動一個野心大得讓人難以想像的計畫，今天這種系統成為海空運輸導航的世界標準。這個構想好像是平生難逢的創意，實際上卻只是藍斯在各種運輸工具、電子計算或工程科技之類領域中、持續不斷尋找交集的例子之一。

他小時第一次當發明家的經驗就類似這種情形。他說：「當時是春天，所有的小孩都在組裝小貨車，設法盡快的組裝完成，」但是藍斯總是跟人有點不同。「我設法把機車引擎裝進小貨車裡，但是這樣做很難，要花時間。其他小孩都組裝好小貨車，開始賽車了，都嘲笑我沒有組裝出車子。」

接著某一天早上，藍斯終於設法讓貨車和引擎的組合順利運轉，他發動車子，開到學校，停在大門口，讓引擎繼續運轉。很快的，學校裡的每個小孩都圍著他，站成一圈呆看著。藍斯說：「我這才把引擎關掉，站起來，請大家借過，走進教室裡，這種感覺很好，因為那次特別驕傲的感覺十分重要，讓我深具信心，認為自己可以變成成功的發明家。」

年輕的藍斯也製造過一些飛上天後爆炸的火箭，有一次，還把家裡的整個廚房燒掉。幾年後，他十七歲時，決定製造一艘潛水艇，他當然沒有錢，但是設法拉攏一批贊助者，從一家公司拿到鋼板，請第二個人把鋼板彎好，說服第三個人裝上玻璃等等。全都根據他的設計。他去拜訪一些醫生，了解人類的呼吸方式，然後為這艘潛水艇組裝了一整套維生系統。他所說的這艘「黃色潛水艇」完工後，每次他讓潛水艇潛進水裡三十到六十分鐘。而且他潛得很深，當時剛滿十八歲的藍斯設法把自製的小型潛水艇，潛到水面下三百三十英尺，當時瑞典海軍只有五艘潛水艇。

藍斯總是展現出一種讓人難以想像的能力，善於把不同領域的不同構想結合，彩色電視機在瑞典上市時，他知道電腦最後會改用彩色螢幕，當然沒有人知道他說的是什麼東西，甚至很少人知道電腦是什麼，但是他的遠見促使他發展出一種彩色繪圖晶片，成為一九八〇年代電腦產生彩色圖表的標準，你很難高估這個成就的影響，當時世界上銷售的每一台附有彩色螢幕的電腦，基本上都配備他發明的晶片。

還有很多其他的例子，藍斯閒暇時，研發和重新設計過一種飛機駕駛艙，他談到飛行員用的儀表板時說過：「看來就像表店一樣。」因此他匯集所有必要的資訊，製成一種容易看的銀幕。在他早年的研發生涯中，他需要一種昂貴的電子製圖版，卻買不起，結果他決定不買笨重、龐大的電子儀表板，卻自行研發出一種比較小、比較有效率，可以跟電腦連接的繪圖筆，他的發明變成第一種能夠畫曲線的滑鼠，跟英格柏特（Douglas Engelbert）當初發明的滑鼠（後來他賣給德州儀器公司，Texas Instruments）相比，是重大的改進。長久以來，藍斯研發過電腦、水底聲音傳輸設備、密碼介面卡、脈搏產生器……他研發的東西似乎無休無止。光是為了好玩，他就自己生產飛機，後來這架飛機成為他革命性導航系統的測試機。

藍斯從來不認為自己是一般的研究人員，他說：「我把基礎科學家發現的謎團湊在一起。」這種謎團產生很多構想，然後藍斯選擇他認為最可能成功的機會，設法把機會化為實際。

藍斯的特徵是異想天開、沒有限制，他成功的研發出好幾種改變世界的發明，而且他對於結合不同的科技、產生新穎的用途無比熱中。但是藍斯跟每一個在異場域碰撞創新的個人或團隊有一個共同的地方，他提出的構想多得讓人不可思議，又不眠不休的推動其中最好的構想，這就是他的祕密。

發明家為什麼多產

成功的發明家會想出很多構想，傳統的解釋是說他們處在「良性循環」中，過去的成就會孕育未來的機會與成就。例如，假設一組企業家成功的推動某種跨領域構想，投資人會更樂於資助他們的下一個事業。就這點而言，科學家和藝術家也一樣，成功的研究人員如果寫出一篇傑出的博士論文，可能會被著名的研究機構錄用，這種機構擁有良好的指導人員，又有強大的網絡，可以資助研究人員的研究。這一切會強化論文與構想產出維持高檔的循環。這種說法有道理，對方向性的創新可能也很有道理，卻忽略了跟異場域碰撞創新有關的兩個基本事實。

首先，這種說法沒有顧及創新是一種偶發性的過程，過程的偶發性表示過去的成就並非總是能夠讓人孕育未來的創新成就，實際上，過去與未來的創新成就中，機運的因素超過任何其他因素。

第二，這種說法忽略了一個事實，就是具有開創性的發明家也想出一堆成不了氣候的構想。我們今天大約只研究莫札特、巴哈、或貝多芬作品中的三五%；我們只看畢卡索的一小部分藝術作品；愛因斯坦大部分的論文都沒有人引用。世界上很多知名作家也寫過很爛的書，善於創新的電影導演也導過十分沒有創意的差勁作品，極為成功的企業家也讓投資人失望過，開闢新局的科學家也出版過對同僚毫無影響的論文。看看達爾文，他提出開創新局的天演論後，想出絕對錯誤的機體再生論（pagenesis），認為後天學習的特質，例如比較強健的肌肉，可以傳給下一代。我們也可以看看巴迪亞（Sabeer Bathia），他創辦了電子郵件服務公司哈媚兒公司（Hotmail），靠著新穎的行銷方式——每封電子郵件會自動寄信給連接的網址，使公司大為成功，他創辦的下一個事業叫艾入公司（Arzoo），經營線上服務市場，採納了巴迪亞認定的幾種創新構想，業務卻沒有起色。顯然一次重大創新不能保證還有下一次。

因此，到底怎麼回事？為什麼成功的發明家總是如此多產？加州大學戴維斯分校（University of California, Davis）心理學家席蒙頓（Dean Keith Simonton）在他的傑作《天才的起源》（*Origin of Genius*）一書裡，說明了多產與成功的關係，他的說法符合我們的看法。他說發明家不是因為成功才多產，而是因為多產才成功，構想的數量是構想素質的先決條件。

就創意的偶發性質來說，這種說法有點道理，因為跨領域的構想是觀念偶發性組合的結果，可想而知，觀念組合的偶發性質越高，越有機會想出一些真正特殊的東西。這種說法很有道理，但是席蒙頓希望跨越邏輯推理，想知道這種理論是否禁得起檢驗，實際上是否符合現實世界的狀況。

席蒙頓把研究重點放在科學家產出的質量關係上，科學家出版一篇論文時，要衡量這篇論文的素質，最可靠的方法是看有多少其他科學家引用，如果很多其他科學家引用一篇論文，表示這篇論文的影響可能很大，甚至可能開創新領域。絕大多數科學論文很少人引用，少數具有突破創見的論文卻有很多人引用。

席蒙頓證明質量關係的確言之成理，例如某位科學家出版的論文數量，跟他最好的三篇作品被人引用的次數有關係。換句話說，要了解誰寫出了具有創見的論文，最好的方法是看誰出版最多論文。你可以用一百種不同的方法檢驗這一點，但是結果都相同。十九世紀一位科學家著作目錄的長度，可以預測他今天多有名。預測誰會得到諾貝爾獎之類的著名榮銜，最好的方法是看這個人的出版品數目。事實上，要預測獎助申請是否會通過，最好的方法是看一個人提出的獎助申請總數。

接著席蒙頓做了一件相當有趣的事情，他研究個別科學家的事業生涯。如果良性循環理論正確，一篇成功的論文出版後，所有論文的素質應該會提高，但是並非如此。在科學家的整個事業生涯裡，提出突破性論文的時機具有偶發性，但是他們出版很多論文時，最有機會寫出突破性的論文。要預測科學家什麼時候會產生最好的作品、做出最傑出的貢獻，最好的預測憑據其實是他們最多產的時候。巧合的是，這時也是他們最有機會寫出最差論文的時候，鑑於創意具有偶發性質，這一點你應該料想得到。

席蒙頓也發現，在藝術家身上，這種關係也正確。例如古典作曲家創作最多傑作時，也是創作最多失敗作品的時候。一個人曾經發展出一種突破性的構想，不見得表示他比較有機會再度提出創見。情形正好相反，要打破偶然的局限，最好的方法是繼續提出構想，這就是為什麼發明家這麼多產的原因。

異場域碰撞的爆炸力道

然而，席蒙頓的研究最引人入勝的意義，是極為完美的說明了異場域碰撞的梅迪奇效應。為什麼不同科別或文化領域的碰撞是創意這麼旺盛的地方？我們在前面兩章說過一個理由，異場域碰撞會提高構想變得傑出的機會，因為異場域碰撞點匯集了迥異領域的迥異觀念，魔法風雲會遊戲就是例子。但是異場域碰撞這麼有力量，還有另一個更強而有力的原因：你結合兩種不同的領域時，也會促使獨一無二觀念組合出現的機會巨幅增加，促成真正的構想爆炸。換一個簡單的方式來說，如果想創新最好的策略是多產，那麼異場域碰撞是創新最好的地方，下面的故事會告訴你原因。

成功的維京集團（Virgin Group）創辦人布蘭森在一九七一年，幸運的獲得突破，就他的個性力量來說，毫無疑問的，他一定會用某種方法創造出維京集團的成就。但是我們從剛才的舉例可以知道，人需要幸運以造成突破，布蘭森碰到害羞的嬉皮少年歐菲德（Mike Oldfield）時，找到了幸運的突破。實際上，歐菲德對音樂有一些奇怪的新觀念，布蘭森想開創一個唱片品牌。他們結成夥伴後，少年歐菲德後來變成英國最成功的音樂家之一，布蘭森變成英國最成功的企業家之一。讓他們快速開啟事業生涯的專輯叫做《管鐘》（*Tubular Bells*）。

這個專輯開始發行時，銷售不振，因為布蘭森沒有錢宣傳，但是隨著口碑開始流傳，這種情況改變了，發行一年後，《管鐘》攀升到英國排行榜的第一名，讓人難以想像的是，還連續十五個月維持第一名，今天這張專輯在全世界大約賣出一千六百萬張，每年還賣出大約十萬張。（按：歐菲德曾被各家唱片公司棄如敝屣，而《管鐘》後來更被引用成為電影《大法師》〔*The Exorcist*〕的配樂。少年時有自閉傾向的歐菲德能演奏幾十種樂器，他為《殺戮戰場》〔*The Killing Fields*〕擔任電影配樂，獲得奧斯卡提名，九〇年代初，他結束與布蘭森長達二十多年的合作，轉投華納音樂。）

如果你想到《管鐘》跟過去的專輯都不同，這種成就似乎更驚人。《管鐘》是搖滾與古典音樂奇怪的組合，兩種領域的組合十分深入，這張專輯絕對不是搖滾樂團演奏古典樂曲，也不是交響樂團演奏流行音樂，絕非如此，《管鐘》正好跨越在兩個領域的交集上，結合了兩種領域都可以找到的因素。但是在這種交集中，到底發生了什麼事情？

假設你在歐菲德出版《管鐘》的一九七三年時是搖滾音樂家，再假設你想推出新型態的音樂，要完成這種挑戰，方法之一應該是打破搖滾歌曲的實際構成元素，尋找不同的方法，組合這些元素。不過其中有很多變化和觀念，以這個例子來說，我們要看看構成搖滾音樂的三大類觀念，就是樂器、結構與聲音。

樂器：就所用的樂器而言，早年的搖滾音樂是相當僵硬的音樂形式。樂團通常由吉他、鼓和貝斯組成，偶爾會包含其他樂器，例如薩克斯風和鋼琴，但是典型的樂團相當簡單。我們可以說一般搖滾作曲家利用四種樂器的組合。

結構：搖滾音樂結構的限制相當大，搖滾歌曲利用的和絃數目通常很少。此外，幾乎每首歌曲都由兩三句歌詞和其間的合唱構成。我們可以說，搖滾音樂家有十二種不同的結構可以運用。

聲音（人聲）：相形之下，搖滾音樂採用的聲音觀念很多，歌聲可能安靜、刺耳、強烈、微弱、平順、感傷等等，連不會唱歌的人，都可以被人當成搖滾音樂家，鮑布迪倫（Bob Dylan）的歌聲讓人毫無頭緒，簡直像在叨念，卻不能阻止他變成最偉大的音樂家。我們可以說，搖滾音樂家可以運用五十種聲音觀念。

因此，根據這些變化，一般搖滾音樂家可以產生多少組合？搖滾音樂家利用不同的樂器、結構與聲音，可以產生多少種組合，然後才無計可施？只要簡單的把每一類的變化相乘，就可以看出這個例子裡的音樂家要發展新音樂時，有四乘十二乘五十種組合，也就是可以利用二千四百種組合。音樂家不見得要積極嘗試組合這些因素，但是在產生新音樂構想的過程中，這些因素是下意識過程的一部分（要尋找交集時，這樣做可能是好主意）。

我們轉而看看古典音樂作曲家，他們有一些大不相同的選擇：

樂器：古典音樂作曲家可以選擇類別龐雜的樂器，例如交響曲可能包括小提琴、小號、長笛、豎琴、鑼鼓等等。我們可以說，古典音樂作曲家可以選擇三十種樂器。

結構：古典音樂作曲家可以選擇的結構形式，比大多數搖滾音樂家多得多了。音樂通常會持續不斷的演進，不依靠重複的樂段。樂曲的長度差別也很大，有些曲子長度超過三十分鐘。我們可以說，以這個例子來說，古典音樂作曲家可以選擇的結構大約有四十種。

聲音（人聲）：古典音樂採用的聲音很少，嚴格說來，交響樂中根本不包括聲音，在其他曲子裡，聲音通常以合唱的形式表現。我們可以說，古典音樂作曲家有兩種選擇。

如果我們像為搖滾音樂作曲家計算那樣，計算古典音樂作曲家可以採用的組合，就會發現古典音樂作曲家想要推出新音樂時，有三十乘四十乘二種組合，也就是有二千四百種觀念組合。實際的數目當然高多了，但是就搖滾音樂與古典音樂的差別來看，這個例子的重要意義仍然一樣。

表7-1 梅迪奇效應：觀念組合暴增

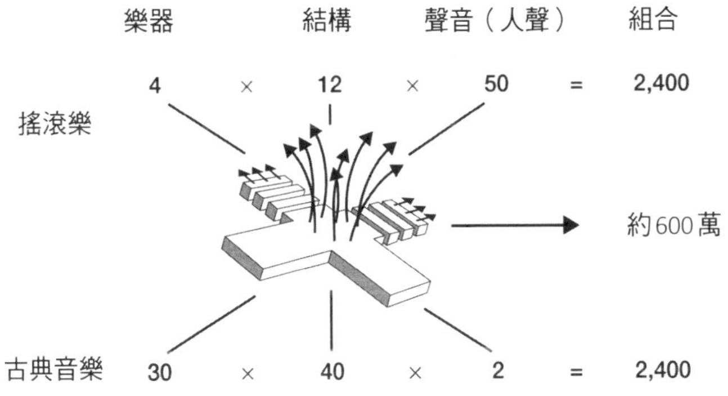

	樂器		結構		聲音（人聲）		組合
搖滾樂	4	×	12	×	50	=	2,400
							約600萬
古典音樂	30	×	40	×	2	=	2,400

現在我們要談到這種計算的關鍵意義，如果一個人了解搖滾與古典音樂，卻把這兩種音樂當成不同的領域，他尋找新音樂的構想時，在每一種音樂中，都有二千四百種組合可以選擇。但是如果他能夠打破兩種領域之間的聯想障礙，結果會如何？如果他像歐菲德創作《管鐘》時一樣，踏進兩種領域的交集，結果如何？看來可以選擇的觀念組合數目會急劇上升，因為現在可以自由的混合與搭配不同領域的構想，這個人有二千四百乘二千四百觀念組合可以選擇，也就是等於將近六百萬種新觀念，正確的說，是五百七十六萬種。

這個數字看來似乎高得驚人，實際也的確很驚人，我談到異場域碰撞的力量強大時，意思就是這樣，這就是梅迪奇效應的重心。靠著打破聯想障礙、進入異場域的文化或觀念碰撞，可以得到的構想組合數目會增加到單一領域所無法企及的程度。

這點說明為什麼多元團隊可能比同質性團隊更有創意，說明職能多元化可以讓我們產生更多傑出的構想，不同領域的交集不但提供完美的環境，讓大不相同的構想集中，也讓很多不同的構想集中。

自由碰撞，幻化招式

歐菲德在異場域碰撞中如魚得水，就是他能夠源源不絕創造有趣新音樂的原因。從過去到現在，吉他一直是他的主要樂器，但是他在《管鐘》裡演奏的樂器超過二十種，除了〈彼特曼之歌〉之外，他很少利用聲樂，這首歌還是他痛飲半瓶威士忌之後錄製的，不過在後來的專輯裡，他採用的聲樂逐漸增加。

歐菲德的朋友貝德福（David Bedford）最後把《管鐘》改編，讓交響樂團演奏，貝德福在這張專輯發行幾年後說過：「他在搖滾樂圈子裡很突出，因為他是唯一能在曲子裡利用某種邏輯結構的人，作品具有半古典的意味，而且他也具有某種搖滾意味，在古典音樂圈子裡很可能也很突出，因為他的整個背景是搖滾樂，因此所有作品都帶有搖滾意味。」

搖滾樂與古典音樂的交集（以及後來民謠音樂與電子音樂的結合），讓歐菲德擁有一輩子都用不完的組合。就像薩繆森的菜色組合出人意表一樣，歐菲德的組合看來可能讓人大感意外，例如，在大家公認他最好的專輯《歐瑪當》（*Ommadawn*）中的某一段一樣，他演奏類似曼陀林的電子博祖基琴（bouzouki）、風笛與吉他，在同一張專輯的另一段中，他把一段電吉他音樂重複錄六十四次，跟六十四個吉他手同時演奏同一樂段的效果一樣，讓人想到古典音樂作曲家處理相同樂段的手法。這些組合巧妙可行，而且十分出色。

因此異場域碰撞的構想爆炸，正是創新的人能夠產出這麼多傑出構想的原因，也讓創新的人得到難以想像的優勢。像歐菲德就一直維持步調，到千禧年之交，推出的專輯已經超過二十五張，其中有些在銷售上十分差勁，其他的專輯卻平均賣出幾百萬張，所有專輯都是構想爆炸的一部分。

8 如何掌握構想爆炸

馬蓋先與馬鈴薯

諾貝爾化學獎與和平獎得主鮑林曾經說過：「要得到一個好構想，最好的方法是有很多構想。」前一章說過，異場域的觀念組合碰撞爆炸之後，釋出大量可能成為創見的構想，接著要做的事是要掌握這些構想。然而，這樣做不是自動的過程，光是能夠得到所有構想，不表示能夠真正掌握這些構想，因此，怎麼樣才能抓住異場域碰撞出來的無數機會？至少有三種方法：

● 在深度與廣度之間求得平衡

- 積極產生很多構想
- 撥出時間評估

在深度與廣度之間求得平衡

異場域碰撞的數學有一個有趣的地方，拿前一章所說的例子來看，即使你只知道搖滾或古典音樂觀念中的一小部分，仍然能夠領袖群倫。例如，用二千四百乘以六百，可以得到一百四十四萬種組合，數字還是相當驚人。這種情形令人振奮，卻似乎有點奇怪，如果我們把構想爆炸推展到極致，看來對幾百種領域都知道一點，遠勝過只深入了解一種領域。例如，假設你知道五十種領域的一百種觀念，又有能力把所有觀念自由結合在一起，理論上，你可以得到的觀念組合超過宇宙原子的數字，但沒有人這麼善於創新，連藍斯都不能。

世事並非如此運作，原因在於我們必須在知識的深度與廣度之間求得平衡，才能發揮最大的創造潛能。我們已經知道，太多專業知識可能強化不同領域之間的聯想障礙，同時，要發展新觀念，首先顯然需要專業知識。如果你連演奏都不會，卻想改變搖滾樂的領域，就很不智，生物科技公司如果不相當了解生命科學，就想在藥品發展上創新，一定很難，因此，到底要有多少專業知識，才能引發完美的爆炸？

要解決需要既廣又深的知識的問題，方法之一是跟擁有不同知識基礎的人結合。第六章說過，假設大家都能打破不同領域之間的障礙，跟不同領域的人結合，比較可能找到交集。事實上，這樣可能是產生新構想最常見的方法，但是個人怎麼才能做到這一點？對歐菲德這樣的人來說，這種知識間的平衡在哪裡，一個人對於特定領域觀念的了解要多深入，才能有效的跟其他領域結合？

我碰到的人提供了一些線索，大部分人在踏進其他領域之前，都在一種專業領域中獲得知識，我在這裡說的不是領先全世界的專業知識，而是足以稱為核心競爭力的知識。布朗大學腦科學計畫小組的賽路亞說，不管別人認為他多博學，他「至少可以教進階程度的神經科學課程。」蓋迪西強調，雖然貝恩公司顧問師可以在不同的行業間轉換，擔任顧問，大部分人仍然保有一個專業知識領域。歐菲德對吉他的熱愛幾乎在他的每一張專輯中都表現出來。薩繆森開始職業生涯時，還是煮傳統的瑞典菜。雖然要從事跨領域的創新，開始時專精一個領域並非絕對必要，卻可能很有幫助，原因如下。

如果了解很多領域，又能夠打破其中的障礙，的確可以得到多得驚人的觀念組合，但是這種人會碰到一個大問題，在了解如何使跨領域構想出現，甚至在了解這種構想是否可能出現方面，都會比別人難多了。說一個人可以結合搖滾樂與古典音樂是一回事，實際上的結合卻是另一回事。

積極產生很多構想

踏進異場域的碰撞後，你必須盡量多掌握不尋常的構想，不幸的是，光憑直覺做不到這一點，看看下面的練習：

一家磚廠銷售劇減，為了改善行銷，磚廠要為磚找出不同的用途，找你去幫忙，你花了一些時間，思考這個問題，然後把想到的所有答案都寫下來。

你會怎麼做？如果你像大多數人一樣，你會寫下三到六個答案，例如拿磚來砌牆、蓋房子、蓋煙囪和步道。你很可能難以走出磚的傳統用途，你甚至可能沒有把幾種想法寫下來，因為你認為這些想法不很有用，因此你等著「真正的好主意」出現。這個練習取材自亞當斯（James Adams）所寫的《創意人的思考》（*Conceptual Blockbusting*）一書，凸顯了大家設法為一個問題尋找其他答案、產生很多構想時，一定會猶豫不決。

有趣的是，我們對生活上的某些事情，經常會採取「一整套」的方法，例如我們煮馬鈴薯時，會全部削好皮後再一起煮，不會一個一個的削皮，再一個一個的煮，因為這樣顯然是十足的浪費時間與能源。但是我們構思時經常這樣，如果我們想到一個似乎很有希望的構想，通常會更深入的探討，到了解這個構想可不可行時為止，如果不可行，我們會從頭考慮另一個好主意，但是這樣不是利用時間或創造能力最好的方法。為了把異場域碰撞的力量發揮到極致，我們在評估之前，應該盡量多產生一些構想。

接下來花幾分鐘，看看這個練習的第二部分：

拿出一張白紙，至少列出磚塊的三十種用途。

這次會有什麼結果？跟練習的第一部分相比，你列出的磚塊可能用途，很可能多得多了，比較新舊兩張表，第二張表是否有一些第一張表所沒有的有趣構想？私下腦力激盪最好的方法，是在開始考慮構想好不好之前，先定下你希望產生的構想數目，目的是要強迫自己，思考遠超出心中常常有的構想。第三章所談到進行過一些聯想實驗的桂爾福證明：你最先想到的一些想法都是沒有創意的普通構想，例如用磚砌牆，然而，最後想到的構想通常比較有創意，例如用磚當桌腳或船舶的壓艙物。

你嘗試產生比較好的構想時，即使是要解決相當簡單的問題，都可以坐下來進行真正的腦力激盪，你不但可以在計畫開始時這樣做，而且在需要一些新構想時，隨時可以這樣做。畢竟要創新的話，必須試驗很多構想，例如歐菲德為《管鐘》錄製了二千三百次，愛迪生為了發明燈泡，進行了九千多次的試驗，為了發展出蓄電池，試驗的次數更是超過五萬次。事實上，愛迪生自己定有產生新構想的配額，規定自己每十天要想出一種小發明，每半年要想出一種重大發明。

你這樣做的時候，可以獨力或跟別人一起，綜合檢討評估你的構想，然後深入研究看來有希望的構想，再把這張表保存起來，你以後可能想要重新再看看，因為有很多構想將來可能有用。

腦力激盪的誤用與修正

腦力激盪是產生構想最常用的工具，曾經擔任愛迪歐公司（IDEO）經理、也是公司創辦人兄弟的凱利（Tom Kelley）認為，腦力激盪很重要，這家聖荷西（San Jose）的設計公司以創新聞名，曾經構思與設計出蘋果公司的滑鼠、拍立得公司（Polaroid's，或譯寶麗萊）的艾松（I-Zone）立即顯像照相機、能夠自行密封的水瓶、掌上公司（Palm）的掌上五號（Palm V）和很多突破性的產品與服務。凱利在他所寫的《IDEA物語》（*The Art of Innovation*）這本書裡認為，腦力激盪是愛迪歐公司成功最重要的因素：「腦力激盪是愛迪歐公司文化中推動構想的動力，各個小組在計畫初期，有機會憑空想像，或是解決後來突然出現的棘手問題……善於腦力激盪的人不斷提出構想，可能使整個小組覺得樂觀，覺得有機會，使小組熬過計畫最黑暗和壓力最大的階段。」

這些應該都不會讓人驚訝，腦力激盪是團體針對任何問題，產生大量構想最常用的方法。歐斯鵬（Alex Osborn）在一九五七年所寫影響力深遠的《應用想像力》（*Applied Imagination*）這本書中指出，腦力激盪是團體解決問題的方法，應該可以大大增加團體所產生構想的質量。腦力激盪的規則很簡單，進行腦力激盪的團體應該：

一、盡量想出最多的構想

二、盡量想出玄奇的構想

三、彼此的構想要互相補強

四、避免對各種構想做出判斷

長久以來，世界上所有最大的公司、非營利組織與政府機構幾乎都採用腦力激盪，原因似乎很明顯。歐斯鵬談到腦力激盪時寫道，「一般人跟小組一起腦力激盪時，可以想出比單獨思考時多兩倍的構想。」既然這麼好，難怪會這麼普遍的流傳，但是實際上是這樣嗎？

一九五八年，歐斯鵬的書出版一年後，有人針對他的主張，進行第一次試驗，心理學家組成四人一組的若干小組，針對每個人每隻手上如果多出一隻大拇指，實際上有什麼好處和壞處，進行腦力激盪。這些小組叫做「真正的小組」，因為大家實際在一起腦力激盪，接著，研究人員讓四人一組的「虛擬小組」，針對「大拇指問題」構思構想，但是這些人在不同的房間裡，各自進行腦力激盪。研究人員收集每一個人的答案，把重複的構想只算一次，計算構想種數，然後比較真正的小組和虛擬小組的表現。

結果跟你意料的不同，研究人員驚訝的發現，個別進行腦力激盪的虛擬小組產生的構想，幾乎是真正小組的兩倍。後來發現，這種結果並不異常，一九八七年，德國杜賓根大學（Tubingen）研究人員狄爾（Michael Diehl）與史卓（Wolfgang Stroebe）在一個著名的研究中斷定，腦力激盪小組的表現絕對不會超過虛擬小組。世界各國心理學家報導的二十五項實驗中，真正小組產生的構想，從來沒有超過虛擬小組。事實上，從事腦力激盪的真正小組產生的構想，一直都是小組個人個別思考問題時所產生構想的一半左右。此外，研究人員在評估構想素質的研究中，發現虛擬小組產生的好主意總數遠超過真正的小組。

這種結果讓人困惑，我們習於認為，腦力激盪會加強小組的創造力，畢竟這是我們進行腦力激盪的原因。然而，整體而言，研究人員堅持腦力激盪很難做對。凱利也認為，除了遵照最初的四個原則之外，進行腦力激盪還要有更多的因素。他說：「腦力激盪的問題是，每個人都認為自己在做腦力激盪，愛迪歐公司把腦力激盪當成宗教一樣奉行。我們幾乎每天都要進行，雖然腦力激盪經常很好玩，但把腦力激盪當成工具、技術時，應該相當嚴肅的看待。」

狄爾和史卓決心了解腦力激盪這麼難以預測的原因，就安排了三個實驗，試驗三種不同的理論，希望找出造成這種違反直覺效果的最重要原因。第一個理論指出了「搭便車現象」：小組的某些參與者基本上會鬆懈下來，靠別人提出新構想，因為小組最後的貢獻是匿名式的，不指明由誰提出。第二個理論是「評估憂慮」，意思是有些小組成員擔心其他成員私下評斷他們，因此避免提出玄奇或有原創性的構想。這兩種效應似乎都有一些影響，影響卻不很大。反而是第三種理論指出的「阻止」的現象，才是造成集體和個人腦力激盪成就差異這麼重大的原因。

小組進行腦力激盪時，一次只有一個人可以發言，但是不見得有一定的秩序，如果每個人都爭相發言，也聽不到別人說什麼。但是這一點對我們人類來說卻構成了大問題，我們的記憶短暫，不能同時發展出新構想，又好好記住舊有的構想。如果我們因為必須等別人先說明他們的構想，再由我們報告自己的構想，我們的構想會中斷，可能把原來的構想忘得一乾二淨。這樣對我們提出的構想數目會形成重大影響，因為我們想到一種構想時，不能立刻說出來，必須等別人說完。等我們有機會說自己的構想時，可能只有機會說兩句話，別人就要插進來。這種解釋也支持另一個跟人數有關的發現，就是進行腦力激盪小組的人數越多，跟相同人數的虛擬小組相比，提出的構想數目會比較少。

激盪出跨領域構想

這麼說來，我們是不是應該不再做腦力激盪？我認為不是，只是要做對，腦力激盪是積極產生跨領域構想極為有效的方法，研究結果顯示，就一般的腦力激盪做一些很重要的小改變，可以大為增加效率。

首先，在小組集會前，安排十五到二十分鐘，讓每個成員個別進行腦力激盪，這樣大家在進行集體腦力激盪的階段時，就不必擔心忘掉原來的構想。這樣也會迫使主持人更有組織地陳述問題，證據顯示，這樣會使腦力激盪更有效。第二，把成員聚在一起，開始集體討論，不要只讓大家輪流念自己表列下來的想法（這樣會妨礙前進力量，使大家難以積極補強別人的構想）。要讓每個人都參與，維持快速的步調和進行狀態。等到腦力激盪結束時，所有個人提出的所有構想應該都已經提出，大部分應該都討論過了。

狄爾和史卓的研究結果顯示，還有一種方法可以避開傳統腦力激盪的問題，這種技巧叫做「腦力寫作」（brainwriting）。進行腦力寫作時，所有的人都不說話，同時針對相同的問題，提出構想，再寫下來，彼此互相補充。腦力寫作的進行方式如下：每個人都圍在一張桌旁，每個人都有一疊白紙，桌子中間另外放一疊白紙，讓大家都拿得到。要解決或探討的基本問題必須清楚的說明或寫下來。腦力寫作開始時，每個人都在自己前面的白紙上，寫下

（或畫出）一個構想，把這張紙放到桌子中間，再拿起別人放上去的一張紙，然後念這張紙上的構想，設法補充。不管是否能夠設法補充，都要再寫一個構想，放在桌子中間，繼續下去。每個人從桌子中間拿起一張紙後，都要從頭到尾看完前面的構想，設法聯想，激發新的構想。這種方法也可以成功的用在線上虛擬環境中，讓大家持續不斷的評論和補充別人的構想。

撥出時間評估

一九八〇年代熱門影集《馬蓋先》（*MacGyver*）中有一集的內容是這樣的：主角馬蓋先必須拯救陷在高度機密地下實驗室中的兩位科學家，同時酸液洩漏威脅整個新墨西哥州的供水系統。馬蓋先時間很緊迫，資源有限，卻用驚人的巧思解決了問題。例如，為了拉起鋼梁，他把消防水管打一個結，灌水進去，使水壓強大到足以推開鋼梁，幾分鐘後，他設法在裂縫裡塞進牛奶巧克力棒，阻止酸液外洩（千真萬確，真的可行）。

實際上，所有馬蓋先影集都有類似的最後一刻創意挑戰，這種情形符合經理人與其他人常見的想法，就是認為時間緊迫、期限逼近時，我們會產生最好的主意。大家普遍認為，我們的腎上腺素高漲，拚命靠咖啡因提神、能夠憑藉的東西有限，尤其是時間有限時，會做出最有創意的事情。但是馬蓋先真的能夠代表現實狀況嗎？

哈佛大學商學院教授和著名的創意研究專家艾瑪波，在一個最詳細、規模最大、了解創意實際進行狀況的研究中，證明這種看法是迷思。艾瑪波和同事在研究中，追蹤七家公司二十二個專案小組、一共一百七十七名員工在整個專案期間的表現，其中有些專案計畫時間長達六個月。這些小組不是普通的小組，都是組織認為是「創意生命線」的小組。研究人員每天用電子郵件發問卷給小組成員，問他們的計畫進度，還問他們對這個計畫的感覺如何，得到的答案超過九千件，讓他們可以從資料中尋找趨勢。

他們的發現讓人好奇，他們不但發現在嚴重時間壓力下的人比較沒有創意，而且發現大家確實反而認為自己在壓力時刻比較有創意。此外，他們發現創意不但在有強大時間壓力的當天減少，在隔天、再過一天和第三天都會減少。

在一些例子裡，時間壓力的確會激發某些人的創意。更進一步說：這種人必須全神貫注在手頭的計畫上，不受會議或備忘錄干擾，只跟一兩個同事合作，而且，時間壓力必須很真實。然而，像這種情況在他們研究的企業中極為罕見。有時候，小組會處在人為的時間限制下，但是這種情形經常造成反效果。艾瑪波寫道，「經營階層持續不斷的讓專案小組，處在似乎人為的嚴重時間與資源限制下，起初，很多小組成員會被緊急的氣氛激勵，全力投入工作，精神振奮，但是經過幾個月後，他們的活力會消失……因為事實證明壓力沒有意義。」

事實上，如果你希望捕捉跨領域構想，最好的方法可能是慢慢來，這種情形至少有兩個原因。第一，延後判斷新構想，這點極為重要；我們的腦海會拿新構想跟既有領域行得通的已知事實比較，迅速判斷跨領域想法的價值。但是要評估出自偶發罕見觀念組合成的構想，既有領域的觀點不是好指引。跨領域構想必須從不同的觀點、從不是出自直覺的觀點來評估，因此，在你有時間澈底思考之前，最好延後判斷。

看看藍斯的例子，他考慮一個比較普通的構想一年多，才想出構成導航系統的革命性創意。如果他一直處在沉重的時間壓力下，會有什麼結果？如果他甚至必須休息一下，跟太太一起出航，會怎麼樣？還記得設計魔法風雲會的賈菲德嗎？他花了八年時間，才突然想到把遊戲跟收藏品結合的想法，而且起初他甚至不知道這種想法的意義。賈菲德是訓練有素的遊戲設計師，可能輕易的把這種「關鍵時刻」的構想當成愚不可及，擺在一旁，繼續前進，摸索傳統遊戲設計的各種層面。但是他沒有這樣做，反而反覆的研究這個構想。「一直到一、兩個月後，我才想出自己研究好久的這種牌戲……我知道，其中可能有一類遊戲的各種根源。」

慢慢判斷獨特構想的建議聽起來好像很簡單，實際上卻很難做到。我們的腦海通常會迅速的為各種構想分類，除非我們採用某種記錄系統。腦海會好心的排除認為沒有價值的想法。你看本書時，可能有很多想法流過心頭，但是你記得幾樣？

要避免先行判斷各種構想，最好的方法可能是想到一種想法時立刻寫下來，或用圖畫畫出來。這樣你可以經常定期的查閱，以後如果有一種構想似乎突然變得比較有吸引力，你可以更深入的探討。在你床邊要放一本筆記本，在蓮蓬頭旁要放一本小小的記事本，隨時要帶著一本裝訂好的筆記本；在車裡要記筆記比較難，然而，有些最好的構想是我們在單獨開車時想到的，要設法利用錄音機。比到處放筆記本更重要的是實際上利用筆記本，要下定決心，習慣記下構想、思想和靈感，一旦你形成這種習慣後，你會奇怪如果不這樣做怎麼過日子。

還有一個原因，我們必須慢慢評估新構想。我在第五章談到孕育期，也談到孕育期會帶來靈感突然閃過的發現。孕育期就是你不再努力思考某個問題、以及突然下意識想出解決之道的兩段時點之間。孕育期在各種創意研究中談得清楚之至，因此推動一種計畫時，如果不包括孕育期，根本就是很糟糕的規劃。我們在緊湊的期限中，很可能會更努力、更專注，但是有多少次我們完成需要一些創意的計畫、任務或事情後，也就是在期限結束後，才想到更好的主意。孕育期顯示，我們應該用很不同的方式工作，顯示我們開始時應該努力和專注一種問題或構想，盡可能的深入發展，然後應該等待，改做別的事，暫時忘掉這個問題。我們幾天或幾週後重新探討這個計畫時，其他構想、通常是更有創意的構想會自己跑出來。

構想之後，如何創新？

到目前為止，我們主要探討的是構想，研究像薩繆森這種人用什麼方法，相當輕鬆的打破無關領域之間的聯想障礙，了解我們自己怎麼才能這樣做。我們詳細研究過賈菲德怎麼利用現有觀念的偶發組合，創造出革命性的魔法風雲會，也深入研究我們自己怎麼才能推動這種靈感的激盪。最後，前兩章討論過像藍斯這麼有創意的人，為什麼這麼多產？為什麼異場域的觀念碰撞是產生突破構想最好方式？我們怎麼才能捕捉這種構想？下一個問題是接下來會發生什麼？我們發現這些令人驚喜的構想後。應該怎麼做？

應該執行、應該實現這些構想，否則絕不可能創新。我認為，藍斯告訴我的下面這個故事清楚的說明，我們如果因為各種原因無法把構想化為行動時，會有什麼結果。

這些年裡，很多人跟我聯絡，想把他們的構想告訴我，我特別想到一個人，他受過良好教育，擁有博士學位，他經常每隔幾年會打電話給我，談到他想到的驚人新構想，他的構想通常都很好。同時，他感歎整個世界這麼愚蠢，根本看不出他的想法多高明。但是他從來沒有設法讓自己的構想實現。幾年前，他打電話給我，提出一個極為高明的構想，再度開始抱怨全世界忽視他的遠見，他說他不需要太多錢，大約只需要十萬美元，就可以讓構想實現，他問我是否知道有誰能夠資助他，我通常不干涉別人的計畫，但是我這次破例打電話給幾個人，他們的回應很積極，告訴我願意跟他見面。

六個月後，這個人再打電話給我，告訴我他的另一個構想，我有點嚇一跳，插口問他「但是……等一下，到底怎麼回事？他們沒有跟你聯絡嗎？」

「哦，有，他們跟我聯絡了，」他回答。

「哦……你拿到錢了嗎？」

「不是錢的問題，」他說：「我要多少錢，幾乎都可以得到。」

「那到底是怎麼回事？」

「哦，是這樣的，這個新構想好多了。」

異場域觀念組合的碰撞，可以爆發出無數特殊組合的傑出構想。然而，提出傑出的構想不保證能創新，你必須實現這些構想。

第三篇

實現構想

9 執行構想與擁抱失敗

暴力與學校課程

一九七八年元月某個深夜三點，一個還不到二十歲的年輕人剛剛走進波士頓布萊安婦女醫院（Brigham and Women's Hospital）急診室大門，他用一件血跡斑斑的襯衫，緊緊壓著眼睛上方一處很深的傷口，當時普羅史迪絲（Deborah Prothrow-Stith）還是醫學院三年級的學生，輪到在外科實習，她那天夜裡的工作是替病人縫傷口，她照顧這位男性時，他告訴她這是怎麼回事。他去參加舞會，有個他幾乎不認識的人惹毛了他，事情像電光石火一樣，突然間，他們擺開架式，準備對幹，一群人圍著他們，幾秒之後，刀光在他眼前閃過，傷口若再往下低一寸，他的眼睛就完了，現在他的眼睛裡充滿怒火。普羅史迪絲替他縫好之後，他轉頭對著她，說出她永遠忘不了的話：「你聽著，別去睡，因為剛才害我這樣的人大約會在一個小時內來到這裡，你會得到你希望練習縫合傷口的一切機會！」

然後他就走了。

這次經驗對普羅史迪絲是頓悟、形成靈感，促使她正確的踏進兩個完全不同領域，也就是預防暴力與醫療的交集。她的故事中令人驚奇的地方，不只是那個半夜想出來的特殊構想，也包括她怎麼設法實現這個構想。她為一整個全新的領域開闢了坦途，但是這條路上到處都是失敗與錯誤的假設，對於實現跨領域構想而言，她的經驗並非特例。因為構想的數量會帶來素質，我們應該追求很多構想，然而，這樣會無可避免的帶來矛盾，異場域的碰撞想要成功，必須面對很多失敗，這種矛盾的解決方法是把失敗納入整個執行計畫中。換句話說，我們必須執行、必須熬過失敗，關於這一點，只要問普羅史迪絲就知道了。

急診室那件事情發生二十五年後，我在哈佛大學公共衛生學院普羅史迪絲的辦公室裡，跟她見面，今天她是公衛學院的副院長，也是想預防青年暴力行為的人爭相請益的專家。她像我為了寫本書所見過的很多的人一樣，十分有決心，精力充沛，她的聲音強而有力，舉止、態度感人，她告訴我這麼多年前那個夜晚發生的事情時，我發現自己跟著她一起微笑、擔心和哈哈大笑。

靈感，你抓得住

她說：「他離開之後不久，我就睡著了，」但是她隱隱覺得一種不祥的預兆，在醫學上，她幫助病人的做法很正確，但是看來應該還會發生更多的暴力和傷害。她卻無法防止，沒有任何規定、任何程序可以讓她利用，事實上，連擔心這一點似乎都有點奇怪。畢竟，擔心怎麼預防暴力關醫生什麼事？跟醫學院學生就更不相關了，她的職責是為病人縫合傷口，叫病人出院，其他的事由警察負責。

但是如果送到醫院的是試圖自殺或服藥過量的人，會有什麼情形？首先，醫師會為他洗胃，宣布他的狀況穩定，然後判定他是否還會危及自己的生命。如果這時這個人說：「現在別去睡覺，因為我要回家去吃更多的藥，我立刻就會回來這裡。」就會引發一系列有系統的干預措施，醫師如果認為病人會危害自己的生命，甚至有權強迫病人住院。普羅史迪絲越深入思考，越明白醫師經常藉著試圖改變病人行為的方式，從事傷害的預防。她和其他醫師會敦促大家繫安全帶、正確的飲食與運動、避免危險性行為、避免有害身心的很多其他生活型態，但是當時醫師不做跟預防暴力有關的任何事情。

可是，暴力顯然危害健康，問題相當明顯，這問題卻主要是由執法部門的人負責處理，醫療工作人員與此無關。普羅史迪絲從來沒有查明那天晚上她的病人碰到什麼事情，但是那次經驗讓她大開眼界，醫療與暴力預防之間有個異場域的碰撞，過去從來沒有人探索過這個交集，因此她決心深入探索。

執行，靠的是堅持與應變

後來幾年裡，普羅史迪絲申請獎助，提出申請案，利用以醫療為導向的方法，發展出以預防暴力為目的的行動計畫。她看來像是小心擬定計畫、然後順利推動計畫的人，她也是以行動為導向而且專心一致的人，她也很有組織能力，利用架構與圖示，解釋實際狀況。有一會兒，她打開她的書，讓我看看某一頁上的圖表。「看到了嗎？這是傳統執法部門做得很好的地方，另一邊是公共衛生部門做得很好的地方」，她手指著兩者之間交會的地方。簡單的說，她讓你覺得像是不會犯很多錯誤的人。「但是我們犯了很多錯誤」，她說。

她的假設似乎很明顯：醫療工作者定期跟涉及暴力的青少年互動，應該很有機會協助預防暴力引發的傷害，而且很願意有方法可以這樣做。普羅史迪絲很快的斷定，醫院、甚至急診處是十分適合發動預防暴力策略的地方。

普羅史迪絲的假設幾乎立刻就明朗化，大部分同事認為她的想法毫無道理。絕大多數同事都認為，醫師在預防暴力方面毫無責任，大家一再的告訴她，「暴力不是疾病，醫藥無法治療暴力。」她談到陳年往事時，哈哈大笑的說：「他們會說：『你想治療的是社會問題』、『你對暴力無可奈何』、『這不是你的職責』。」

情形很快的就變得很清楚，就像她預期的一樣，她不能指望得到很多同事的支持，因此她另外尋找夥伴，教會同意協助，警方也一樣。她說：「我們跟在街上巡邏、實際處理日常暴力影響的警官談話，發現極為正面的回應。」他們了解自己的工作是因應暴力，卻不見得是預防暴力。

但是普羅史迪絲不斷的犯錯，最初的一些錯誤是她學習曲線的一部分。例如，她首先把這個計畫叫做「波士頓高風險青少年計畫」，結果她發現，喜歡被人認為是「高風險」的小孩很少。另外還有一些比較根本的失敗，她最初嘗試的解決之道中，有一種是把標準的醫療服務程序用在暴力問題上，這點表示跟公立學校和其他社區機構合作，由他們介紹青少年，參加醫療環境中進行的暴力預防服務，她花了很多精神，設法鼓勵「處在風險中」的青少年，跟醫師與心理健康專家建立長期關係。但是青少年特別不願意參加在醫療機構舉辦的服務，如果他們一開始就認為自己沒有問題，更是如此。青少年只有在痛苦或受到傷害時，才會到醫院去，卻不願意到醫院學習預防暴力。

基本上，普羅史迪絲的方法行不通，因此她決定改變重點，不再要求青少年到醫療院所，而是去找學生。為了跟學生接觸，她研訂出一種課程，包括播放暴力衝突行動劇的錄影帶，劇中人經常由學生自己扮演，到了練習的部分，學生挑出他們認為即將爆發暴力衝突前的關鍵時刻。例如，一位學生演員可能唆使別人打架，大聲喊著：「你要讓這個混球踩你的鞋子嗎？」學生會停止播放錄影帶，立刻想出比較不會造成衝突的回答。

「噯，老兄，球鞋沾上一點土，不值得打一架吧。」

「看開一點，只是意外而已。」

對你我來說，這些回答似乎很基本，對很多青少年卻不是。普羅史迪絲發現，對很多學生來說，不用升高衝突的方式來回應每一種侮辱，是無法想像的事情。很多學生不知道有比較不危險的方法，可以處理衝突。

普羅史迪絲和夥伴把課程介紹到第一所學校實驗，成功的測量出這所學校的暴力水準下降，這是好兆頭：她終於走對了。她在改進課程時，跟一位同事聘請了兩位訓練人員，擴大接觸。在他們工作最高峰時，他們每隔一個月，要教一百位學生預防暴力課程。有些小孩最後出師，教起別人，也有不少人自行創立青少年預防暴力中心，這些學生當中，很多人原本屬於「高危險」群，現在可以自行牽引朋友和同夥。普羅史迪絲發現，這種草根性的行動對於苦於暴力行為的社區，有很深遠的影響。

對普羅史迪絲來說，一九八五年的全國公共衛生會議（National Public Health Conference）是轉捩點，她提出證據，證明公共衛生行動有助於阻止暴力，全國很快的注意到她的課程。不久之後，她開始為波士頓地區的醫院發展很多計畫，因此，因為暴力衝突受傷的小孩和青少年入院時，會接受預防評估與後續追蹤，以便降低進一步受傷的危險。這種方法由很多學門成員組成的小組推行，治療氣喘與自殺病人也模仿這樣方法。今天，預防暴力顯然變成公共問題，例如亞特蘭大的疾病控制中心（Centers for Disease Control）專門為預防暴力，設立了一個中心，醫師定期與主管機關合作，預防家庭暴力或虐待兒童。

普羅史迪絲帶頭推動，他們先在波士頓、最後在全美國，促使大家把暴力預防當成公共衛生問題。波士頓暴力流行高峰期裡，每個月有一個以上的青少年遭到殺害，然而，到了一九九〇年代中期，有一段超過兩年的時間裡，沒有任何青少年遭到殺害。雖然這種成就不能完全歸功於任何個人，普羅史迪絲和她建立的團隊確實居功不小，她的成就促使麻州州政府任命她出任公共衛生署長，父母都是非洲移民的她，成為麻州第一位女性公共衛生署長，也是麻州歷來最年輕的公共衛生署長。但是她的故事也說明了異場域碰撞令人困擾的特性，就是如果你希望成功，錯誤絕對無法避免。

失敗，是正常的

不同領域交集的構想爆炸中，最違反直覺的副產品可能是失敗同時會增加。普羅史迪絲說：「我們從一開始，就犯了很多錯誤。」但是如果不犯錯，她是否可能成功？極不可能。

你推動越多構想，實現創見的機會越大，但是你的所有構想中，並非每一個都行得通，因此創新的人因為推動比較多構想，經歷的失敗會超過比較沒有創意的人。因而我們可以認定：人幾乎不可能靠著完美無缺的執行、或是明確的行動計畫，來實現異場域碰撞所產生的構想。但是我們思考策略與執行時，大都受到這樣（計畫可以是完美無缺）的訓練，我們其實受到制約，會用我們的目標是什麼、如何達成目標之類的問題，面對新挑戰。

如果你要發展一種新產品，你會根據市場研究、跟工程師討論、分析顧客需求，再擬定逐步推動的計畫。科學家撰寫詳細的申請補助時，也採用類似的做法，會說明新實驗的基礎、結構、所需要的資源以及要花多少時間，這種詳細的說明會提高得到資助與結果的機會。

對方向性創新來說，這種做法很好，對跨領域構想卻不好，方向性構想與跨領域構想之間有個重大的差別，就是推動方向性構想時，我們知道自己的目標，因此我們對於多少顧客會買我們的新產品、多少讀者會看我們的新書，或是某種研究會得到什麼結果，都有合理的期望。一旦我們看出目標，看出達成目標所需要的重大行動步驟，就可以訂出詳細的計畫、集中所需要的資源，開始執行。善於推動構想的人，不但在設想執行方式方面極為高明，也會極為堅決的逐步推動計畫。在這個情況中，失敗通常表示我們可能無法達成所有目標，卻可以達成一部分。

然而，這種做法預先假定你了解需要怎麼做，知道行動的先後次序。不幸的是，在異場域碰撞上，我們對於該做什麼和怎麼做的了解，頂多只能說是模模糊糊。跨領域構想可能通往無數的方向，除非我們澈底嘗試，否則不知道哪個方向行得通。因此，成功的執行跨領域構想靠的不是事先為成功規劃，而是靠著事先為失敗規劃。這種想法違反直覺，卻很重要，因為我們不能依靠過去的經驗，擬定完美的執行方針，我們必須靠著學習什麼事情行得通、什麼行不通的方式，擬定方針，在這種過程中，失敗與錯誤在所難免。總而言之，普羅史迪絲的經驗在異場域碰撞中是正常狀況，下一章會說明有什麼方法，可以為這種狀況做準備。

10 預留退路，全力衝刺

掌上型電腦與逆向獎勵

處在異場域的碰撞點上，犯錯和錯誤的起步是實現構想過程中的一環，如果我們希望創新，必須考慮這些因素，必須繼續推動構想，走過失敗。但是應該怎麼做？最後到底是什麼原因，促使普羅史迪絲之類的人因異場域碰撞而獲得成就？簡單的說，她必須樂於：

- 嘗試會失敗的構想，以便找到不會失敗的構想
- 預留退路，為嘗試與錯誤做準備
- 保持高昂的動機

嘗試會失敗的構想，以便找到不會失敗的構想

失敗是創新的一環，要習慣失敗，這一點說來容易做來難，我們幾乎不可能安然面對擁抱失敗的想法。失敗是讓人屈辱和失望的事情。在競爭性的組織中，失敗特別讓人害怕，失敗的結果不但可能是喪失信心，也可能是名聲降低，甚至可能遭到降級或解雇。因為這些因素是讓大家害怕失敗的原因，因此，從組織的觀點來看，失敗很有價值。

最精明的經理人和訓練最好的小組知道失敗是創新的一環，因此預期會碰到一定比率的失敗。多產的發明家卡曼（Dean Kamen）發明過洗腎機與賽格威隨意車（Segway），據說「如果他和工程師不常碰到嚴重的失敗，他會很不高興，因為重大的失敗代表重大的目標。」這種企業文化顯然跟一般企業不同。即使經理人知道失敗會鼓勵未來的創新，要管理失敗也不容易，要管理成功容易多了。畢竟如果有人把事情做得很好，應該得到獎勵，得到嘉許、獎金或升職，大家預期成功時會得到獎勵，但是我們應該怎麼應付失敗？

要回答這個問題，我們首先要分析一些實際狀況，例如，在唯一目的是執行特殊程序的

工作中，例如讓飛機下降、進行外科手術或安裝硬碟時，獎勵成功是合理的策略。這種工作大多具有明確的程序，大家不期望失敗，也不把失敗看成好事。但是對於成功依賴穩定提出新構想的工作，對於嘗試與實驗是職責中一環的工作，應該怎麼看待？這種情形比較麻煩，獎勵成功看來仍然是好辦法，但是獎勵成功、「輕輕放過」失敗就夠了嗎？在這種情況下，我們願意冒著失敗的風險，增加長期創新的機會嗎？但是成功和失敗得到同等的獎勵、無所事事遭到懲罰的環境，應該會產生最好的結果。

我們顯然不應該獎勵無所事事，也就是不該獎勵完全不實現任何創新構想的人。史丹佛大學商學院教授沙頓認為，就評估創新活動來說，無所事事遠比失敗糟糕多了。失敗畢竟表示某種程度的產出。因為創新的素質跟構想的數量有關，根據構想數量來管理有道理。這種規範的例子包括建造的原型數目、申請專利數目、發表論文數目、完成計畫數目等等。沒有大量的構想，就不會有創新，因此，不論結果是成是敗，都必須獎勵。

如果不加上額外的行動項目，這種情形看來可能不切實際，因此，應該怎麼獎勵失敗？沙頓針對這種情形，提出了一些指針。

- 一定要讓大家知道，不實現構想是最大的失敗，會受到懲罰。
- 一定要讓每個人都從過去的失敗中學習；不要獎勵一再重複的錯誤。
- 如果有的人失敗率偏低，要起疑心，這種人冒的險可能不夠多，可能隱匿錯誤，不讓組織裡的其他人知道。
- 雇用曾經有過高明失敗的人，讓組織裡的其他人知道這是雇用這些人的原因之一。

維特製藥公司（Vertex Pharmaceuticals）是這方面的典範，凸顯如何嘗試會失敗的構想，以便得到不會失敗構想的方法。製藥業面臨一些嚴重的挑戰，雖然在一九九〇年代裡，研究發展支出增加三倍以上，聯邦食品藥物管理局（FDA）核准的藥品數目卻減少五〇％。製藥業發現，花費數億美元發展的藥品市場前景停頓不前，或是無法獲得食品藥物管理局的批准。如果這種耗損率不改善，對大多數製藥公司來說，新藥的發展會貴得無法承擔。

矛盾的是，維特公司實際上試圖用提高耗損率的方式，來降低耗損率，研究人員能夠試驗的構想越多（在這個例子裡，指的是分子組合數目），越有機會找到好構想。因此，行不通的構想會更多，但是有希望比以前提早很多就發現構想行不通。好構想——在這個例子裡指的是安全的藥品，就更有機會獲准，最後創造營收。維特公司刻意的把自己放在異場域學門和科技的碰撞場所中，每天產生數以千計的新藥構想。根據維特公司總裁齋藤（Vicki Sato）的說法：「vertex這個字不只表示巔峰或頂峰，也有異場域碰撞的意思，不過大部分人聽到我們名字時，都想到巔峰。」

這樣做的目標是盡量產生最多的藥品組合，以便選出少數具有突破性的藥品。實際做法如下：利用很多具有強大處理能力的電腦，大致上以隨機的方式，把不同目標藥品的分子結合起來，然後捨棄大家認為無效的組合，剩下的分子組合交給由電腦專家、生物學家、化學家、醫師、製造人員和律師組成的小組，由他們一起評估各種組合，找出可能性最高的組合，有些組合很快的遭到捨棄，有些比較晚遭到捨棄，但是有些會發展成藥品。任何一天裡，維特公司的電腦都會產生成千上萬的組合，其中絕大部分最後都以失敗收場。但是維特公司靠著增加構想和失敗的頻率與速度，也提高了發展出成功藥品的機會。到目前為止，這種策略似乎很有效，維特公司有兩種藥品已經獲得食品藥物管理局的批准，還有六種處在第一階段以上的處理過程中。

這種原則不但對企業有效，對個人也有效。例如艾略特（T. S. Eliot）寫作〈荒原〉（The Waste Land）時，嘗試過幾百種獨特的構想，其中很多構想最後都拋棄了，剩下的構想寫進詩裡，寫出來的詩成為艾略特跨進世界性的文化與神話異場域碰撞點的傑作。他花了好多年時間寫成這首詩，其間還在妻子與好友龐德（Ezra Pound）的大力協助下，一再改寫與編輯。這首詩看來可能像是單一的作品，實際上卻是幾百個不同觀念組合的結合。

這種策略要順利運作，重要的是要從過去的錯誤中學習。例如，為什麼有些個人或小組提出很多構想和產品，卻仍然得不到重大成就或突破？原因可能只是運氣不好，畢竟我們都知道，素質可能隨著產出增加而提高，但是這種事情不能保證。提出大量構想卻不成功的人比較可能不是追求不同的構想，只是提出類似錯誤構想的各種版本。我們可以想像一下，就大家認為沒有價值的主題，寫十五本很相像的書。犯新的錯誤沒有關係，重複舊有的錯誤就有關係了。

要實現異場域碰撞中的構想，你必須澈底嘗試觀念組合的碰撞中所產生的很多不同構想，其中有些構想會失敗，有些不會。

預留退路，為嘗試與錯誤做準備

一九九二年四月掌上型電腦（Palm Pilot）推出後，變成有史以來銷售最快的電腦產品，這種電腦輕薄短小、外表美觀、極為有用。當時的行銷經理說：「我們圍坐在桌旁看著這種電腦，每個人都起了雞皮疙瘩。」

這種電腦背後的推手是郝金斯（Jeff Hawkins）與杜賓斯基（Donna Dubinsky），他們怎麼創造這種成就？是透過細心的規劃和執行嗎？不錯，他們的確做了計畫，但是計畫開始時都行不通，他們發明掌上型電腦之前，合創的新創企業推出過另一種掌上型設備，叫做強腦（Zoomer），強腦雖然輕薄短小，卻設計成擁有電腦的所有功能，甚至可以印表和傳真。但是最後強腦卻沒有電腦的任何功能，至少沒有一種功能很完善，軟體勉強可用，產品太大、太慢，當然也沒有人真的想用掌上型電腦發傳真，強腦變成重大的失敗。

事情可能就此結束，但是杜賓斯基很小心，保留了足夠的資金，可以再度出擊。他們知道大家不希望掌上型電腦像一般電腦一樣。大部分人想要很簡單、可以跟日常記事本競爭的東西，希望小到能夠放在襯衫口袋裡，方便好用，能夠快速完成少數重要任務的工具，最後掌上型電腦也變成這種樣子，成為九〇年代最有創意的產品之一。

跨領域構想有個特性，就是你在發展期間所作的很多假設都是錯誤的，這就是你不但必須預期會失敗，也要為失敗做計畫的原因。普羅史迪絲這樣做，郝金斯與杜賓斯基也這樣做。在異場域碰撞中成功的人都會告訴你同樣的事情：他們最初的構想必須一再修正。例如畢卡索為了繪製具有革命性的畫作亞維儂的少女（Demoiselles d'Avignon），光是為了初步的草圖，就用掉八本以上的筆記本。

然而，這種方法必須小心的保留資源，不管資源是金錢、時間、名聲、關係，還是力量。哈佛大學商學院教授克里斯汀生是著名的破壞性創新權威（也是暢銷書《創新的兩難》〔*The Innovator's Dilemma*〕作者），深深了解這種特殊型態的跨領域構想，他指出：

事實上，研究顯示，絕大多數成功的新創企業推動最初的計畫，了解市場上什麼東西行得通、什麼東西行不通時，後來都會放棄最初的企業策略。一般說來，成功與失敗企業主要的差別不是最初的策略是否嚴謹，想要成功，一開始就猜出正確策略，其重要性還不如保留足夠的資源，或維持支持者或投資人信任關係，以便第二度、第三度正確的推動新事業計畫。在重新展布新局之前，用光資源或信任的人，注定會失敗。

這種策略似乎很精明、很直截了當，只要好好看住荷包，就不會有問題，但是個人、小組和公司經常用光資源，沒有機會澈底探索異場域碰撞裡頭的不同道路，為什麼？

我們擬定執行計畫時都有幾個原因，希望協調不同的行動、規劃資源的配置、說服夥伴、投資人、顧客或經銷商加入。但是，這些人經常都希望看到確定的計畫。如果你在計畫說明的最後，說「但是這一點明天可能全都改變」，通常沒有好處，如果你推動的是方向性構想，你不應該這樣。但是如果你推動的是跨領域構想，你必須注意用天生固有的不確定，取代確定的計畫。

我們希望預測每一個細節，原因是我們認為，只要好好的計畫，就可以消除不確定，即使我們知道未來不確定，仍然可能認為，只要研究出細節，就可以控制不確定。但是在異場域的碰撞場合裡頭，要按部就班規劃很難，不錯，規劃很有用，但是只有在我們知道可能需要變化時才有用。

問題就出在這裡，除非我們告訴別人，說我們的計畫可能改變，否則別人會根據這些計畫形成期望，如果我們的第一次嘗試沒有成功，投資人不會準備再拿出錢來，而是希望看到結果。顧客會希望事情照著計畫進行，朋友和同事會開始認為「我們真的接近突破了。」我們為了因應這種期望，當然是設法一開始就做好，我們會動用更多的時間、金錢與善意來執行錯誤的計畫，突然之間，我們用光了資源，沒有機會調整和實現跨領域的構想。

這麼多網路新創企業慘烈的失敗，可以歸咎於這個問題。在網路熱潮期間，小型新創企業得到數量空前的資金支援，有很多新創企業試圖完成絕對創新、從來沒有人嘗試過的目標。今天我們知道，跟網際網路有關的很多預測和假設都絕對錯誤，但是事實上，這種事情一點也不獨特，對跨領域新創事業而言，嚴重偏離目標一點也不特殊，事實上，就像克里斯汀生所說的一樣，這種情形是通則，不是例外。

因此，既然錯誤並不稀罕，為什麼這麼多網路公司崩潰？因為大部分公司推動業務時，都假設第一次嘗試就會成功，沒有想到必須一而再、再而三的改變計畫。倫敦時裝業者Boo公司就是例子，這家公司試圖把網際網路無遠弗屆的能力，跟運動服裝銷售結合在一起，公司在一九九九年十一月開業，不到七個月後就倒閉，至少燒掉一億三千五百萬美元。公司創辦人擬出的事業計畫詳細說明全球性的成長策略，說服投資人、供應商與顧客，他們孤注一擲，把一切希望寄託在一種方法上，而不是保留資源，多嘗試幾種不同的構想。因此這家公司推動全球性的行銷計畫，在世界上設立五個分公司，雇用三百五十人以上，偶爾還搭乘協和號客機，以便準時開會。

等到公司創辦人知道最初的計畫行不通，已經來不及改變，資金用光了，大眾的信心瓦解了，倒閉勢所難免。但是他們的整體構想不見得不好，網路服裝零售的確有市場，他們公司在這種市場中率先創新，成為領導公司。但是創辦人對事業計畫極具信心，因此投下所有資源，這樣做在推行大部分方向性構想時，可能是正確的做法，在異場域碰撞時卻完全錯誤。

因此，既然知道計畫可能必須改變，我們如何抗拒根據計畫動用資源的想法？我們從普羅史迪絲與其他成功實現跨領域構想的人身上，可以學到什麼教訓？

- 準備改變執行計畫，你可能必須擬定計畫，說服別人，激勵自己，協調行動，或是為了其他理由這樣做。但是計畫至少是根據一些錯誤的假設擬定的，因此必須調整。
- 如果要靠錢才能實現構想，花錢一定要小心，看看是否能夠保留足夠的資源，以便至少再試一、兩次？另一個方法是找到十分可靠、樂於出錢、讓你進行幾次嘗試的支持者。
- 如果實現構想的關鍵是時間，要給自己足夠的時間，進行幾次嘗試與錯誤。
- 如果你的名聲、善意或關係，跟第一次嘗試推動構想就成功息息相關，進行時要特別小心。

保持高昂的動機

要靠異場域的碰撞來成功地推動構想，最重要的策略可能是維持高昂的士氣，如果你能保持高昂的士氣，就可以憑藉士氣一再衝刺，熬過錯誤，堅持一種構想，一直到成功為止。如果你失去這種精神，澈底的失敗似乎無可避免，你不但對所做的事情會失去興趣，探索不同創意或冒險的意願也會迅速降低，因此最初的構想失敗時，保持士氣極為重要，會讓你堅忍不拔。

這個建議很好，但是應該怎麼做？激勵自己和別人最常見的方法是誘因，這種方法對於異場域碰撞當然應該有效吧？畢竟，長久以來，獎勵對生產行為都有強大的影響。事實上，心理學實驗中最著名的史氏箱（Skinner Box），清楚說明了獎勵的力量，把老鼠放在設有橫槓和食盤的箱子裡，如果老鼠碰橫槓，就會得到獎勵，在這個實驗裡是得到食物，獎勵進而促使老鼠不斷的去碰橫槓，以便得到更多食物。

「史金納效應」（Skinner effect）已經變成十分重要的實驗，證明獎勵是行為控制的關鍵，如果一種行為得到獎勵，這種行為會一再重複和改進。在個人經驗中，幾乎不可能沒有史金納效應的例子，如果你希望小孩割草、整理自己的房間，如果給他們獎勵，例如發給他們每週的零用錢，他們會更樂意去做。這點對大人當然也有效，這種行為沒有什麼特別奇怪的地方。如果任務和目標相當簡單，讓參與者清清楚楚的知道可以得到什麼外在報酬，可能是好主意，不管報酬是金錢、地位還是名聲。但是在目標不明確，不知道應該採取什麼步驟、步驟的順序是什麼時，這樣做有效嗎？換句話說，對於創造異場域碰撞，獎勵的效果好嗎？

對異場域碰撞給獎勵？

簡單的說，不好。哈佛大學商學院心理學家艾瑪波在一個實驗中，評估獎勵對一百多位小孩創意的影響，她告訴小孩，要他們做兩件不同的事情，其中一件是看一本叫做《小孩、小狗和青蛙》的童書，然後說故事，這本書有三十頁彩色圖片，沒有文字，因此小孩自行發揮的空間很大。另一件是用到拍立得相機，所有小孩對這種相機都很感興趣，實驗開始前，她把小孩分成兩組，告訴第一組，如果他們承諾等一下要看圖說故事，現在就可以玩照相機，但是在小孩開始玩照相機前，必須先簽合約，承諾玩過照相機後要說故事，小孩照了一些照片後，她提醒他們要履行承諾，實驗進行到看書的階段。

她告訴第二組的小孩，要做兩件事情，但是兩件事互不相關，只是問他們想不想玩照相機（大家都想），然後要他們看書說故事，小孩沒有承諾，也沒有簽約。兩組小孩說的每一個故事都錄音、抄寫下來，後來由三位小學教師獨立評估其中的創意。結果很有趣，清楚顯示第一組小孩、也就是以玩照相機為獎勵，然後說故事的小孩，創意遠不如第二組。小孩用相同的順序，做同樣的事情，結果卻大不相同。艾瑪波在《創意結構》（*Creativity in Context*）中指出：「在這個實驗中，獎勵和不獎勵小孩唯一的差別，是他們對獎勵是不是目標活動條件的看法不同，因此，看來把任務視為達成目的的手段的觀念，是任務進行時創意減少的關鍵。」

換句話說，光是說一種活動是另一種活動的獎勵，就可能導致實際的創造性產出減少。大家覺得自己因為某一種活動得到獎勵時，那種受到外部控制的感覺實際上足以扼殺創意。艾瑪波和其他人在很多研究中，證明獎勵對創意可能有不利的影響。我們再看看另一個實驗：主持實驗的人要求受測者把一支蠟燭，放在直立的屏風上，受測者只能利用屏風、蠟燭、一盒火柴和一盒圖釘，解決這個問題。這個實驗包含研究人員所說的「突破性組合」，用簡單的話說，就是受測者必須以不尋常的方式利用物品，在這個實驗中，受測者必須把圖釘從盒子裡倒出來，然後把盒子釘在屏風上，當作蠟燭台。當然，其中的問題是看出盒子可以當成蠟燭台，不只是圖釘盒而已。受測者分為兩組，主持實驗的人告訴其中一組，如果他們解決問題的時間列在前面四分之一，可以得到五美元的獎勵，最快解決問題的人可以得到二十美元的獎勵。第二組沒有得到這種提示，你現在大概已經可以猜出來，沒有機會得到獎勵的那一組，解決問題的時間比可以得到獎勵的那一組快多了。

因此，直接的獎勵可能是扼殺創意的好方法，到底為什麼會這樣？艾瑪波發現，我們的內在動機，也就是她所說的固有動機，和我們的創意活動之間，有一種關係，如果固有動機很高、如果我們熱愛我們自己所做的工作，創意會源源而來。外在期望與獎勵可能扼殺固有動機，進而扼殺創意。固有動機下降時，探討新方法和不同構想的意願也會下降，這點對於異場域碰撞的效果至為重要。換句話說，要像普羅史迪絲、郝金斯和杜賓斯基那樣，保持高昂的士氣，執行跨領域構想，我們就必須小心的運用外在明確的獎勵。驚悚小說巨擘史帝芬金（Stephen King）換一種方式形容：「錢很好，但是在推動創意活動時，最好的方法是不要太重視錢，錢會妨礙整個過程。」

直接獎勵壓抑內在動機

直接獎勵的力量變得極為強大，到了壓制內在動機的地步時，會有什麼結果？我相信，我們在網際網路熱潮時，看到十分普遍的這種現象。我清楚的記得，自己坐在一輛觀光巴士上，參加這一年網際網路業最大的會議。我旁邊坐的人穿著新經濟時代的時裝，也就是穿著鮮藍色的襯衫、運動外套和寬鬆的長褲，他最近才從頂尖的商學院畢業，在投資銀行裡找到工作，卻辭職加入一家新創公司。我問他公司做什麼，他說做企業對企業交易（B2B），意思是指企業在網際網路上的互動。

B2B網路市集當時極為流行，大家預測其中會有高得驚人的營收，B2B公司不知道還要多少年才能獲利，卻可以輕鬆的就形成幾十億美元的市值。二〇〇〇年秋季時，你所能想像的每一種行業，都有B2B市集。因此我問這個人，他們的B2B公司到底做什麼業務？他說：「是讓魚的買方和賣方會面的地方。」他們還沒有結束第一回合的籌資，卻靠著已經籌到手的種子資金，奮力前進。

我覺得很驚訝，到底是什麼東西，居然能夠吸引一些人，放棄在華爾街上的快速升遷，把精神放在讓人想不到的魚類交易上？這一行當時對大部分企管碩士來說，幾乎肯定是毫無吸引力，但是我從產業雜誌上得知，他們公司至少有三、四家競爭者，還有更多這樣的公司成立，全部都是為了買賣魚！

答案不是什麼大祕密，背後有一個極為強大的動機，就是股票初次公開發行。股票一上市，在帳面上立刻就變成富翁，是強而有力的動機。然而，讓人驚異的是，跨越科技與既有市場的B2B部門中，創意相當有限，財經雜誌甚至刊出創立B2B公司與推動上市的流程表，每個人都遵照這種公式，每個人「都知道該怎麼做——問題只是怎麼做得比別人快而已。」

換句話說，大家的做法像推動方向性構想一樣，沒有預料到會失敗。必不可免的失敗出現，股票上市的希望越來越渺茫時，維持士氣就成了問題。這點不表示推動這種事業的團隊沒有創新或企業精神，而是說外在動機跟內在動機競爭時，異場域碰撞所產生的創新關鍵動力——內在動機可能遭到打擊。

還有一個研究顯示，這種原則在企業界中多麼常見。柯林斯（Jim Collins，暢銷書《從A到A+》〔*Good to Great*〕作者）研究哪種領袖在主持傑出企業，這些領袖得到什麼報酬。發現在每個個案中，企業都採用一系列廣泛的誘因，包括薪資、股票選擇權、獎金、分紅等等，但是沒有一個個案跟成功有關。誘因在吸引特定人選接受某種職位時很重要，但是上任之後，幾乎就一點關係都沒有，力求表現的人是因為內在動機才這樣做，不是因為外在的誘因，他們希望把事情做好。

然而，企業仍然希望靠著各種獎勵，促成突破性的創新。曾經當過全錄公司（Xerox）著名的帕羅奧圖研究中心（Palo Alto Research Center）主任的布朗（John Seely Brown），是美國最受尊敬的創新思想領袖之一，他告訴我，為什麼企業似乎不理會獎勵對內在動機的不利影響。「企業不理會跟熱情有關的事實，因為企業依靠可以預測的東西，可以預測的特性表現在大家對企業一季又一季業績的期望上，業績要變成可以預測，經營階層必須擁有控制力量，要發揮控制，就要利用誘因，最有力的誘因是薪資與獎金，但是創新不是這樣幹的。」

還有一點很重要，就是並非所有獎勵對固有動機都有不利影響，以異場域碰撞來創新的人發現，自己固有的動機會下降，跟直接的報酬有關，但是把獎勵當成他們能力的證明，或是當成學習經驗的一部分，可能很有效。這點基本上表示，創新的人應該得到努力的成果。事實上，如果不給這種獎勵，幾乎一定會妨礙創新。艾瑪波指出：「大家覺得努力沒有豐厚、公平的報答時，不利的影響似乎會出現。」

如果別人得到你或你的團隊努力之後應得的獎勵，對動機顯然一定會有不利的影響。為了保護授權權利，經常上法院、打專利權官司的藍斯說過：「我做了什麼事情，的確需要肯定，我也希望得到獎勵，如果得不到獎勵，或是獎勵被別人拿走，會變成羞辱，造成傷害，可能扼殺創新的意願。」創造異場域碰撞的人一定認為，自己會得到努力應得的報酬，不過開始時，誰都不知道、也不想知道報酬到底是什麼樣子，太具體了反而無趣。

追求難以想像的願景

普羅史迪絲能夠運用異場域碰撞而成功，是因為她把失敗納入整體的執行計畫中。最重要的是，她設法在整個嘗試與錯誤過程中保持高昂的士氣，因為她做的是她真正喜歡的事情。我還要說的是，我為了寫這本書所訪談過的每一個人，都是這樣。

然而，光是執行計畫，熬過失敗，還不足以成功的推動跨領域構想，還有更多的挑戰需要克服。你不但需要面對不確定性，也要對抗在既有的成就網路中安然度日的誘惑。事實上，過去協助你成功的很多資源、程序和個人，可能在突然之間變成限制你的東西，我們在下一章裡會探討其中的原因。

11 別眷戀當下的輝煌

螞蟻高速公路與無人偵察機

一九九〇年代初期，聖塔菲研究所在新墨西哥州舉行研討會，法國電訊公司（France Telecom）的研發工程師柏納波（Eric Bonabeau），跟研究社會性昆蟲的生態學家特勞拉斯（Guy Theraulaz）見面，他們談到螞蟻怎麼找食物。十年後，根據這次談話發展出來的技術，協助油罐車司機在瑞士阿爾卑斯山區規劃路線。到底覓食的螞蟻、瑞士油罐車司機和電訊工程師之間，有什麼共同的地方？

首先，他們都不希望浪費時間，但是螞蟻能夠找到最快的路走到目的地，人卻經常走比較遠的路，螞蟻怎麼辦到的？很多種類別的螞蟻都會派出特殊的覓食螞蟻，沿著大致隨機的路線，去找食物，每一隻覓食螞蟻努力尋找食物時，都會放出一種費洛蒙，費洛蒙具有吸引其他螞蟻的特性，味道越強，吸引的螞蟻越多。在蟻窩與食物之間找到最短捷徑的螞蟻，會留下味道最強烈的路線，因為這隻螞蟻比較快回到蟻窩。比較濃的味道進而促使其他螞蟻選擇這條路線，久而久之，就變成主要的費洛蒙路線。最後，靠著蟻群的集體行為，最快的路線就出現了，創造出覓食螞蟻可以有效攻擊食物來源的高速公路。

柏納波聽到特勞拉斯這樣解釋時，靈光大大的閃現，「不但是因為我終於了解小時候野餐時，為什麼螞蟻能夠這麼有效地搶吃我的三明治，讓我這麼困擾的原因，也是因為我發現其中跟電腦運算有一種強而有力的關係。」結果蟻窩的生活跟人類世界的其他問題有關係，柏納波一直在研究這個問題，突然間，他了解兩者應該怎麼建立關係。

他說：「回到法國電訊公司後，我開始研究怎麼把這個螞蟻的比喻用在路由上（按：在網路上要讓一部電腦通往另一部電腦，必須有一種機制來「描述」如何從某一處到另一處。這就是所謂的路由〔Routing〕），路由是電訊系統常常碰到的問題，電訊系統需要路由，然而因為大部分大型的通訊網路為了成本效益的關係，沒有隨時完全連接，因此訊息必須在網路中導引，才能達到目的地。我發現，讓虛擬的螞蟻在網路的中心或路由器上，留下虛擬的費洛蒙，訊息利用路由的情形就可以達到最佳化。」

成功的把昆蟲行為應用在電腦搜尋系統上，讓柏納波大感興趣。「但是法國電訊還不準備接受這一點，」他帶著明顯的法國腔說：「同時，我對昆蟲越來越有興趣。」我們可以了解其中的衝突，在這家法國電訊巨人的優先行事錄上，研究費洛蒙極不可能高高掛在上面。最後，柏納波決定離開法國電訊，前往聖塔菲研究所。「大約一年後，法國電訊的一些同事在《商業週刊》（*Business Week*）上，看到一篇封面故事，看到當時英國電訊公司（British Telecom Labs）研究所主任柯克蘭（Peter Cochrane），在報導中吹噓利用螞蟻之類的介質，從事電訊網路中的路由工作時，才開始猜測我到哪裡去了。」柏納波的構想從聖塔菲研究所傳播出去，英國電訊很有頭腦，就拿來利用。

柏納波在聖塔菲研究所待了三年，研究的黃蜂與螞蟻知識比他預期的多，在這段期間裡，他深具信心的全力研究這個新領域，絲毫不考慮會有什麼結果。他說：「我沒有想到前途，沒有想到事業生涯，也沒有想到這樣做是否有用，完全沒有想到這種事情。」他只是奮力前進，尋找兩種領域間的關係，最後他找到了。

柏納波的識見和努力終於開闢了一個全新的學門，叫做「群集智慧」（swarm intelligence）。這個領域讓人深感興趣，眾多生物學家、電腦程式專家和其他專家模仿社會性昆蟲行為的電腦程式，設法發現趨勢與答案。連當代科幻小說宗師克萊頓（Michael Crichton）都把有關群集智慧的觀念，以及標準的驚悚故事情節，一起寫在他的小說《奈米獵殺》（*Prey*）裡。

今天柏納波是艾柯系統公司（Icosystem）首席科學家，他創立的這家公司，把這種科學應用在大型的企業問題上，例如工廠排程、控制系統與電訊路由方面。例如，他跟美國國防部合作，設法提高無人航空載具（unmanned aerial vehicle）的效率，這種無人飛機在二〇〇一年美國與阿富汗神學士政權作戰時，才廣為人知，這種飛機沒有駕駛員，可以相當安全的搜索廣大地區，尋找敵人據點。問題是空中的無人飛機數目增加後，管理搜索過程的工作很快就會變得沒有效率，無人飛機幾乎不可能不重複彼此之間的搜尋路線，什麼方法能夠讓無人飛機不盤旋在另一架無人飛機剛剛搜索過的地區上？為了解決這個問題，柏納波為每一架無人飛機裝設虛擬費洛蒙的路徑痕跡，告訴其他無人飛機「避開」一陣子，用這種方法，機群可以有效的偵測敵區。

送油的瑞士油罐車司機又是怎麼回事？他們面臨的挑戰是在阿爾卑斯山區各個加油站之間，找到最短的路線，他們的效率會因為每個加油站訂購數量的不同，產生驚人的變化。這個問題看來很容易解決，但是因為要配送的汽油數量很大，可能的路線變化很快就變得多到無法分析。油罐車只要超過十幾部，可能的路線就是幾十億條，每增加一個加油站，可能的路線就會增加到驚人的程度，任何電腦都不能快速的判斷哪條路最短。但是螞蟻經過千百萬年的演化找到解決之道，因此實際上，油罐車司機今天利用模仿螞蟻獵食行為的軟體來找路。

今天柏納波變成群集智慧的先驅和領袖，但是他是怎麼做到的？他用什麼方法實現這種跨領域構想？他能成功，是因為他不但推動構想，熬過他同樣會碰到的失敗，也是因為他大膽的脫離自己小心建構的環境、準備脫離舊有的層層關係，建立新的關係。

網路矛盾：助力或阻力？

你決定探索跨領域構想時會有什麼問題？假設你已經打破兩種以上不同領域之間的聯

想障礙，假設你也設法激發隨機觀念組合的爆炸，假設在你和成功之間，唯一的障礙是把自己的構想付諸實施。因此你不受先前失敗的影響，繼續前進，準備推動自己的遠見，但是忽然之間，你發現意料之外的事情，所有現有的關係和結構幾乎都好像拉著你不放。同事、事業生涯、指導你的人、機構、顧客、傳統、同儕、經銷商、供應商等等，過去幫助你成功的一切人事物，似乎都串通起來，要你保持原樣，敦促你留在自己的領域中——離開異場域碰撞。

這種層層疊疊的關係不是故意要拉住你，他們沒有串通，但是這種網路會宣揚、支持和強調他們重視的構想，會粉碎或排除他們不重視的構想。這種固有的特性會為探索跨領域構想的人，產生難以解決的矛盾，如果我們希望在異場域碰撞中成功，我們必須擺脫讓我們成功的既有網路。為什麼通往異場域碰撞的路上，最大的一些障礙來自我們所屬學門的人？來自我們的顧客、組織、文化或跟我們關係密切的人事物？要回答這些問題，我們必須從頭了解我們建立關係網路的原因。

我們為何建立個人網路？

為什麼我們在同一個領域中，會變得更善於創造、更善於推動構想？情形很清楚，經驗增加是重要因素，經驗增加會讓我們更了解各種觀念，但是個人或公司在一個領域中能夠成功，還受很多其他因素影響。我們能夠成功，是因為我們跟事業夥伴、跟指導我們的人關係密切，因為我們了解顧客和員工的需要，因為我們跟自己的公司或機構擁有很多相同的目標，也因為我們從不同的部門和同事身上，學到成功所需要的東西，這些關係緊密結合、變成支持相同價值觀的網路。

克里斯汀生把這種網路叫做價值網路，意思是「一種結構，公司在這種結構中看出和因應顧客的需要，解決問題，採購生產所需要的東西，應付競爭對手，致力追求利潤。」根據這個定義，價值跟誠信或道德無關。克里斯汀生說的東西務實多了，在這種結構中，如果兩家公司同樣比較重視銷售、比較不重視利潤，比較重視設計、比較不重視功能，比較重視規模、比較不重視速度……就擁有相同的價值觀。

克里斯汀生研究了很多種產業的價值網路，指出企業必須發展出價值網路，才能成功。他舉出硬碟機市場作為例子，硬碟機總是當成零組件，裝在另外一種產品中，例如裝在個人電腦或手提電腦中。這點表示生產硬碟機的公司必須盡力配合生產電腦的公司，這種體系中要是有任何變化，所有的人大致上都必須同步行動，這樣自然促使企業針對什麼東西重要、什麼東西有價值，發展出共同的認知。屬於手提電腦價值網路的企業，對於能源的有效利用與小尺寸的重視，超過屬於桌上型電腦價值網路的企業。這些價值會影響所有組織的一切，包括新觀念的推展到資源的配置，因此會大大影響屬於這種價值網路中的人。

克里斯汀生認為：「企業在既有網路中的經驗增加後，可能配合所屬價值網路的明確需要，發展出能力、組織結構和文化。」例如，公司會配合特定顧客的需要，發展出一些推展業務做法，如果哈雷機車（Harley-Davidson）騎士想買又大又有力的機車，哈雷的經銷商也會這樣，供應商和哈雷公司本身也會如此。因此，哈雷會雇用喜歡這種機車的人，會發展出喜歡這種機車的文化，這種文化會宣揚以這種機車為基礎的觀念。

克里斯汀生的焦點主要是企業，我們卻可以輕易地看出，他的說法也適用於個人，個人會變成比較大型網路的一分子，這種網路由環環相扣的關係形成，就像硬碟機製造商一樣。在一種領域中要成功，我們個人必須學習特殊經驗，跟別人形成盟友和夥伴，配合支持這種領域價值觀的公司、組織或機構。這種情形顯然適用於在大型官僚組織法國電訊公司裡、擔任研究發展工程師的柏納波，但是也適用於我們認為具有比較大的自由，能夠追求不同目標的大學研究人員、不停創業的企業家和藝術家。

想像一下，一位相當成功的音樂家所屬的價值網路是什麼樣子，她必須苦學某種樂器的技巧，必須跟樂團成員、製作人和經銷商，發展出很好的關係，他們全都跟創造和銷售某種品牌的音樂有關，這些人必須跟音樂媒體的編輯和經理人建立關係，也必須跟俱樂部和秀場老闆建立關係，這些人了解她的音樂，可以替她推廣。更重要的是，她必須建立樂迷基礎，靠他們購買新CD，或是參加演唱會。所有這些個人、公司和顧客以某種音樂為中心，形成價值網路，包圍著這位音樂家，她的情況跟大企業的情況不見得有多大的差異。

在一種領域中要成功，需要價值網路，這就是我們建構價值網路的原因，你大概也可以猜出來，價值網路就是一切問題的起源。

為什麼得脫離個人網路？

價值網路對方向性創新十分重要，卻可能妨礙我們成功的推動跨領域創新。克里斯汀生指出，價值網路是「努力了解競爭狀況、極力滿足顧客需求、大力投資新科技」的大企業最後倒閉的罪魁禍首。在自己所屬、甚至是自己創造的領域中要成功，這些企業必須建立堅強的價值網路。不幸的是，這些價值網路大力阻撓企業實現跨領域構想，最後促使這種公司遭到能夠創新和超越的新秀攻擊。

還記得第二章談到的動畫業嗎？像皮克斯公司之流的企業推出立體電影《海底總動員》（*Finding Nemo*）和《怪獸電力公司》，利用電腦產生的動畫，終結了傳統的平面動畫市場。回頭看看這個例子，就知道這種情形是傳統動畫工作室困在本身所屬價值網路的典型例子。

製作傳統平面動畫長片畢竟需要很多技巧和人力，迪士尼公司（Walt Disney Company）從推出《白雪公主》（*Snow White*）以來，一直是這一行的領袖。傳統動畫電影有自己的骨肉和靈魂，迪士尼雇用受過這一行訓練的人，做投資決定和架構組織時，也以這一行為基礎，甚至到了一九九〇年代，還靠賣座傳統的動畫電影如《美女與野獸》（*Beauty and the Beast*）、《阿拉丁神燈》（*Aladdin*）和《獅子王》（*The Lion King*）支撐。

然而，有一陣子迪士尼對打進電腦動畫深感興趣，在一九八二年推出《電子世界爭霸戰》（*Tron*），《電子世界爭霸戰》在運用電腦產生的效果方面，雖然開拓新局，票房表現卻不好。但是迪士尼的價值網路要求推出成功的大型長片，為了生產這種長片，需要更好的技巧，創造更有趣的特殊效果，也要有大批員工生產這種長片。由於迪士尼推出《電子世界爭霸戰》的成果不好，用在這種新型態動畫的資源有限，因此認定應該停止進軍電腦動畫，合理嗎？當然合理，但是完全是因為迪士尼決心留在既有的價值網路中。

另一方面，不受現有價值網路妨礙的公司可能用不同的方法處理這種狀況。賈伯斯創立皮克斯公司，是因為他向盧卡斯影片公司（Lucasfilm）買下小小的動畫部門，把這種科技運用在動畫領域中。雖然這家公司還沒有準備好，不能生產長片，卻找到比較小的市場，利用自己的跨領域技術。從一九八六年公司創立到一九九四年間，皮克斯公司只生產短片和廣告片。相形之下，迪士尼的價值網路會禁止公司推動這種計畫。

然而，皮克斯公司跨進異場域碰撞後，就可以用方向性創新的方法，改善原來的創新，慢慢的踏進其他市場，久而久之，公司的科技和技術水準進步，好到足以用在動畫長片上，推出一部極為轟動的長片。有趣的是，迪士尼公司決定跟皮克斯公司結盟，希望在新技術上立足。這樣當然比脫離舊的價值網路容易多了，但是到二〇〇四年，皮克斯公司終於決定拆夥，迪士尼還是必須自行努力。

在價值網路中的企業要推動跨領域構想時，比在價值網路之外的企業難多了，人也是一樣，我們回頭看看先前提到的音樂家，假設這位音樂家脫離平常的曲風，創作出包含好幾個不同領域因素的音樂，這種音樂跟所有音樂不同，可想而之，這種音樂或許可以開創全新的樂派和曲風，如果他試圖推動這種構想，會有什麼結果？

首先，她很可能必須發展出一些新技巧，接著，可能必須離開原有的樂團成員，尋找擁有這種技巧、能夠製作新型態音樂的音樂家。很快的，她也會發現，她跟經銷商、製作人、媒體主編和經理人的關係，仍然牢牢固守在她原來的樂派中。這種關係花了很多年時間才形成，她去找這些人時，他們對這種新型態的音樂可能無動於衷，那麼，有誰會有反應呢？她不知道，因為這種音樂還不存在，最後，買她的專輯唱片、聽她演奏會的樂迷，可能拒絕她新推出的CD，嘲笑她江郎才盡，希望她快快回到她深深了解、樂迷也喜歡的音樂上。新專輯的銷售可能很糟糕，至少跟她過去的作品相比很糟糕。因為得不到預期的成就又前途茫茫，她可能乾脆放棄這種新音樂，回到她知道行得通的老路。我們推動跨領域構想時，全都會面臨類似的挑戰。

價值網路中的人和公司都會定出程序和規矩，大致上可以阻止大家脫離，不符合這種網路價值觀的新構想會遭到扼殺。這就是為什麼我們希望踏進異場域碰撞、獲得最大的成功機會時，必須脫離這些網路的原因。柏納波就是這樣做，他為了研究自己的構想，離開法國電訊公司，加入聖塔菲研究所，跟全新的研究人員、機構、同儕和顧客建立關係，他在異場域碰撞上能夠成功，是因為他脫離舊有的網路，建立了新網路，真不容易，但是下一章會告訴你怎麼做。

12 跨領域

開放原始碼的企鵝與不開藥單的醫生

踏進異場域碰撞時，有什麼方法不必脫離既有的價值網路？有，但是唯一的方法是根本就還沒有建立這種網路，例如，在事業生涯開始時，還沒有什麼機會建立網路。此外，如果你的事業生涯種類多得讓人難以想像，經常從一個領域跨進另一個領域，你可能沒有足夠的時間建立關係深厚的網路。

然而，這種情形很少見，大部分人都以既有的領域為中心，建立關係網路，我們怎麼脫離原本對我們有幫助的網路？下面兩種策略或許幫得上忙：

- 脫離依賴鎖鏈
- 準備戰鬥

脫離依賴鎖鏈

要脫離舊有的價值網路，唯一的方法是不再依靠這種網路。有時候，這點表示你必須像柏納波一樣，辭掉工作，加入能夠迅速幫忙你建立新網路的機構。有時候，你幾乎必須無中生有，開始建構新關係。建立新網路表示要準備尋找新同事、新組織、尋找能夠接受你的構想與產品的新買主。你當下的反應可能是如果你必須無中生有，建立新關係，就無法迎頭趕上擁有幾年優勢的競爭者。但是請記住，你不是要趕上別人，在不同領域發生碰撞的地方沒有別人，至少不會有很多人。

有些人可能認為，脫離過去的網路等於拋棄舊網路，但是如果你希望盡量提高異場域碰撞中的成功機會，最不應該做的就是疏遠舊友，你原來的網路不但可能包含很好的人際關係，對你的前途也很可能很有用。事實上，舊網路中的某些層面很可能會成為新網路的一部分。

本書談到的很多人都設法脫離已經建構好的價值網路，卻不疏遠舊的網路，你應該還記得，普羅史迪絲必須脫離醫師的價值網路，才能把預防暴力跟醫療結合起來。她的初步成就在發展出學校課程時出現，這個領域跟醫院似乎不相關，但是後來她能夠把這種經驗回頭整合，跟在醫院裡做的事結合，她必須脫離舊有的領域，堅持下去，熬到成功來臨，但是後來她能夠跟舊有的領域重新建立關係。另一個原來屬於醫師價值網路的人是喬布拉（Deepak Chopra），喬布拉以率先結合西方傳統醫學和東方另類醫學聞名。

過去二十年來，喬布拉踏進這個異場域碰撞，結合兩個領域的觀念，產生很多跟醫療有關的構想。因此，《時代》（*Time*）雜誌提名他為二十世紀一百大英雄與偶像之一，前蘇聯總統戈巴契夫（Mikhail Gorbachev）說他是「我們這個時代最容易了解、最發人深省的哲學家。」

我在他前往印度進行一個月之久的考察之旅前，及時找到他，他的言行像哲學家，會說「完美無缺的大自然本來就具有創造力」之類的話。我們談話時，他很清楚的顯示，他對創造力和創新有深入的看法。喬布拉原來在內分泌學這種傳統醫學的領域中已經有相當扎實的基礎與地位了，一九八〇年代，他擔任新英格蘭紀念醫院（New England Memorial

Hospital）幕僚長，後來開了一家內分泌科醫院，當時喬布拉每天早上猛喝咖啡、抽菸，晚上要喝威士忌，才能放鬆下來。

也就是在八〇年代的稍晚時，他開始認為，自己在了解人體健康方面，缺少了一個重大的環節，他說：「我開始注意到不能用理論解釋的事情，開始認為理論充滿了漏洞。」對喬布拉來說，醫療顯然不能解釋不同病人痊癒情況的差別，他說：「兩個病人生同樣的病，得到同樣的治療，結果卻不同，或是一百個人感染同樣的病菌，但是只有一些人會生病，其他人卻不會。」他覺得一定有其他原因，才會造成這種差別。例如，我們除了把身體照顧好之外，也注意精神的健康，整體而言，就會更健康。正確的飲食習慣和沉思結合，可能會促進健康。喬布拉肯定認為這種「另類」療法，跟西方醫學採納的科技進展結合，可以創造長足的進步。他也認為，傳統醫學領域掩蓋了這種主張。最後他斷定他還有很多要學的地方。「我發現我所受的教育不完整，那種傳統觀點不能說明一切。」

喬布拉開始出版他的觀點，但是他的結論不符合現有的醫學界看法。「當時我也在教書，注意到同事因為我而覺得難堪，因此我就辭職了。」做這種決定不容易。「我不知道所得要從哪裡來，但是未知的領域讓我深感興奮，在這種領域裡，經常是進兩步、退一步，一開始時，大家認為我有點偏激，認為我一定是瘋了。」但是喬布拉樂於拿自己的名聲去冒險。「你必須冒險，這是創意的首要原則，所有的創意都在未知的領域裡，不在已知的領域中。」

出版三十六本書後，今天大家公認他是身心醫學領域最偉大的領袖之一。一九九五年，他在加州拉荷拉（La Jolla）創立喬布拉健康中心（Chopra Center for Well Being），他在這個中心裡的一言一行影響全世界。雖然他的事業生涯有些引起爭議的地方，毫無疑問的，他的遠見為一個新領域、為傳統西方醫學和東方另類療法的交會，鋪下了坦途。

喬布拉雖然不再依靠過去的網路，卻不疏遠舊網路，過去拒絕他的機構現在歡迎他了。「我一年會在哈佛大學醫學院研討會上，發表一次主題演講，只在十二月演講一次」，說著他哈哈大笑。他承認，拿現在的成就跟當初的憂慮不安相比，他大致上覺得滿意。他補充說：「哦，花了十五年時間，但是喬布拉健康中心提供的課程現在得到美國醫學會（American Medical Association）的承認，今天連國家衛生研究院（NIH）都支持這方面的研究。」

我們在本書中看到像喬布拉這樣的人，都設法脫離自己的價值網路。例如薩繆森要無中生有、探索新菜色時，就讓阿瓜維特餐廳現有大部分廚師離職；賈菲德辭掉工作，放棄數學老師的生涯，以便實現跟魔法風雲會有關的構想；藍斯從來沒有在任何公司、任何構想或行業中流連太久。這一點同樣適用於公司，創立已久的公司可能必須創設獨立的部門，甚至必須把旗下的子公司從自己的網路中分割出去。好好看看四周，設法看出這麼多年來，在你的價值網路中變成極為重要的事情。我不是建議你放棄這些東西，但是如果你希望踏進異場域的碰撞點，你一定不能再依靠這些東西。

準備戰鬥

你踏進不同領域、學科或文化的異場域碰撞時，一定要準備奮鬥，可能要在很多層面上奮鬥。大家可能不相信你做的事情，會明白地表示懷疑，有時候，跨領域構想可能威脅現有的領域，在這個領域中的人自然會盡其所能，阻止你的構想變成大家接受的創新。為了脫離既有的網路，開始建立另一個網路，你必須勇敢面對既有領域中的人提出的挑戰。藍斯跟大企業、跟他所脫離領域的很多利害關係人，對抗過很多次。普羅史迪絲和喬布拉也一樣，另外一位善於創新發明、披著一頭淡茶色頭髮、自學成功的電腦駭客托瓦茲（Linus Torvalds）也一樣。

托瓦茲二十一歲時，無意衝撞既有的體制，但是他還是這樣做了，至少他的構想挑戰了既有的體制。有趣的是，事情就這樣發生了。托瓦茲創造了一種作業系統，叫做Linux，是今天世界上成長最快的作業系統，這種作業系統是兩種觀念的結合，就是可以分離的作業系統和「開放程式碼」著作權模式的兩種觀念。在九〇年代初期，開放程式碼對駭客來說，就等於「免費的愛情」。基本的意義是只要不把這種軟體拿來銷售，任何人都可以使用這種作業系統，而且只要把自己針對這種作業系統的改進告訴大家，任何人都可以改進這種作業系統。這種著作權鼓勵其他駭客努力改進Linux，起初這群軟體開發專家只有幾十人，卻不斷成長，成長的幅度遠超過托瓦茲所想像。今天，以「企鵝」為標誌的這種作業系統有數以百萬計的人使用。

想像有很多人測試和改善一種產品，這種產品早晚會變得很好，實際情形就是這樣。早年托瓦茲推出好幾種版本的Linux的時候，這種作業系統不穩定，在大部分電腦上不能使用，甚至會破壞硬碟。但是這種情形早已改觀，今天財星五百大企業中，有很多公司使用這種作業系統，因為這種作業系統比其他作業系統快，價格也比較便宜。

一九九一年托瓦茲推出第一版Linux時，在軟體開發專家圈中，引起不小的騷動，卻有一個人不太高興，這個人就是荷蘭的譚能邦（Andrew Tanenbaum）教授，譚能邦是作業系統大師，曾經發展出一種叫做minix的作業系統，托瓦茲的作業系統推出之後，譚能邦的作業系統突然之間受到威脅，可能就此壽終正寢。不久之後，譚能邦就公開反對托瓦茲的作業系統：

由於我職業的關係，我認為我相當清楚未來十年左右，作業系統的發展方向……這樣是大步倒退回一九七〇年代……你要感謝自己不是我的學生，這種設計不會得到高分。

但是托瓦茲拒絕退讓，反駁了譚能邦的明確批評，還加了幾句話，這些話從Linux作業系統早年開始，就變成網路奇談的一部分：

你的工作是教授和研究人員：這點是mimix對頭腦造成一些傷害絕佳的藉口。

這種公開討論進行了好多回合，因為雙方都不願意退讓，到了某一個時刻，譚能邦說：「Linux過時了。」

這是托瓦茲整個計畫中最低潮的時刻，譚能邦教授公開抨擊他「不夠資格」，但是托瓦茲奮力還擊，獲得最後勝利。這場爭論是寶貴的練習，因為在接下來的十年裡，很多財力雄厚的公司和個人挑戰這種作業系統，托瓦茲要對抗早期的反對者，後來又要對抗微軟之類的企業。雖然你可能不會碰到這麼極端的衝突，你仍然必須做好準備，對抗懷疑或害怕你在異場域碰撞中尋覓曠世好點子的人，否則你最好還是回到既有的領域中。

我在某一期《經濟學人》（*The Economist*）的封底，看到微軟最強勁對手甲骨文公司（Oracle）的一個廣告時，終於了解Linux有多大的進展。廣告上說：「Linux不會當機」，接著又說：「每個人都知道Linux比較便宜，現在還變得更快、更可靠。」我心想，真是讓人驚異，不到十年……從駭客的玄想變成極為優異的產品。

你還缺少什麼環節？

到目前為止，本書提供的所有建議，包括：脫離你所屬的領域，不再依賴既有的網路，準備對抗等等，需要的都是大部分人會覺得不安的一些東西，也就是安於風險的能力。如果你希望把跨領域構想變成創新，冒險是絕對必要的，你怎麼鼓起勇氣，脫離既有的網路？碰到失敗後，怎麼能夠堅持不懈？這點是推動跨領域構想時所缺少的環節，下一章我們會探討這一點。

13 冒險與不再恐懼

從賣唱片到搞航空

到一九八四年，布蘭森已經把他的唱片品牌維京音樂，經營成主流的唱片公司，獲利超過一千一百萬英鎊。這年的二月，一位叫做費爾茲（Randolph Fields）的美國律師問他，有沒有興趣合夥創設跨越大西洋的航線。大部分人很可能會摸不著頭腦，不知道為什麼有人會認為音樂公司的老闆會做這種事。然而，布蘭森卻對這個構想深感興趣，立刻進行下述市場研究。

他首先打電話給人民快捷航空（People Express）訂位部門，這家航空公司經營倫敦與紐約之間的平價航線，卻發現電話忙線中，整個週末他都無法接通人民航空的客服代表。布蘭森斷定，人民航空的經營階層不是很糟、很容易就可以擊敗，不然就是顧客多得無法應付，如果是這樣，另一家競爭者就有生存空間。隔天，布蘭森打電話給波音飛機公司（Boeing），看看是否能夠租一架珍寶型客機（jumbo jet）一年，他認定，如果經營航空公司的事情行不通，還可以把飛機還給波音公司，他在不同的經理之間來回折衝了一整天，波音終於同意了。有了這個「詳細」的分析後，布蘭森打電話給事業夥伴。

「你覺得創設一家航空公司如何？我有一個建議……」

「天啊！你瘋了，別再說傻話了。」

「我是說真的。」

「絕對不是，你瘋了。」

六個月後，維京大西洋公司（Virgin Airlines）從倫敦首航紐約，布蘭森把這航空公司經營得極為成功，現在這家公司飛航全世界各大城市。比布蘭森更了解飛機、航空公司和旅遊的人有好幾萬人，他哪裡來的信心，認為自己可以跟他們對抗？他的市場研究只包括兩通電話，其中一通甚至沒有接通！為什麼像布蘭森這樣的人能夠找到勇氣，做成功機會比他大很多的人不敢做的事情？布蘭森剛好看出維京公司經營音樂業務的方法，跟經營航空公司的方法之間，有一種關係，就是絕佳的顧客服務。沒有一位樂於多角化經營的娛樂業經理人看出這種關係；不過即使他們看得出來，他們敢這樣做嗎？

一般認為，布蘭森大膽創業跟他的性格有關，是他生來俱有的特質，甘冒驚人的風險對布蘭森來說，好比呼吸一樣，可能是他的基因塑造出來的行為。這種看法認為，我們從布蘭森冒險的方法中，學不到什麼東西，我們對於他的瘋狂行為，只能看一看、聳聳肩、搖搖頭，然後回頭做我們自己的事情，我們不能這麼「快」。

布蘭森的古怪行為其實沒有這麼瘋狂，我們研究像他這樣的人，可以發現重要的線索，知道在異場域觀念的碰撞中，應該怎麼面對恐懼。

不怕風險，而是怕沒面子

推動任何冒險事業都有某種程度的風險，有什麼理由可以相信，推動跨領域構想的風險跟推動方向性構想不同嗎？有，而且差異可能很大。

首先，跨領域是未知的領域，不能輕鬆地運用過去的知識與經驗。在既有的領域中，我們可以估計開發新市場、撰寫另一本科技驚悚小說或尋找另一種基因系列的機會，若是失敗，儘管我們不能達成期望，卻至少能達成一部分期望。例如，銷售可能沒有我們預期的好，但至少賣掉了一些；或者是開發一種特殊科技所需要的時間，比我們當初猜想的長，但是我們至少已經開發到某種程度了；不管是哪一種情形，我們通常在預期的方向上都有進展。

然而，對於異場域碰撞而言，失敗可能表示一種構想根本行不通，失敗可能是澈底的失敗，真的可以利用螞蟻群體行為使電訊訊息傳播更有效嗎？或者只是極度的浪費時間？賈菲德交易式的紙牌遊戲如何？有人會買嗎？誰都不知道，因為過去從來沒有人玩過這樣的東西，這種不確定性足以嚇退很多本來希望找到異場域碰撞的人。

此外，因為一種叫做「可以接受的風險」的觀念，使得社會的期望可能導致大家所認知的異場域碰撞風險，遠遠高於跟方向性構想有關的風險。大家通常最害怕的風險不是財務上的損失或浪費時間，而是尊嚴、地位和面子碰到的風險、是失敗時同儕對他們想法的風險。換句話說，失敗風險的影響可能超過冒險本身。就這點而言，比起在大家已經普遍接受的領域中採取行動，不可知的異場域碰撞處於極為不利的地位，如果你採取大家普遍認為正確的行動方式，沒有成功，你的名聲幾乎不會受損。另一方面，如果你用大家比較不了解的方式進行，卻遭到失敗，你會遭到嚴厲的批判，因此失敗可能更難以忘懷，失敗的恥辱可能造成毀滅性的效果。經濟學家兼「世俗哲學家」凱因斯（John Maynard Keynes）簡潔的說過：「以傳統的方式失敗，勝過以非傳統的方式成功。」

在一個社會裡，失敗的恥辱和相關的企業活動數量之間，似乎有明顯的關係，不過其中的證據大部分是趣聞式的證據。在歐洲或亞洲經營事業失敗，比在美國經營失敗受到的影響悲慘多了。根據歐洲聯盟的一份報告，在歐洲或亞洲，經營事業失敗不但可能造成嚴重的財務後果，也會被同儕視為失敗者。美國人卻經常認為，經營事業失敗是可以接受的事情，然而，即使對美國人來說，碰到失敗的可能時，也可能促使個人毫無必要的堅持錯誤構想或表現不好的事業太久，這樣完全只是為了避免被人當成失敗者。不幸的是，這種行為會降低產生和追求其他突破性構想的機會，因此，處在異場域碰撞的人恐懼失敗的情緒可能很強烈，怎麼才能克服這種恐懼？

我偶爾聽說，合乎常情的策略是應該盡量降低風險。我們猜想，盡量降低風險的方法之一是在推動計畫時，應該集中更多的資源，如果我們有更多的資金、時間、關係，有更多的一切，就可以盡量降低失敗的風險，但是這種想法正確嗎？風險、恐懼和勇氣是這樣運作的嗎？

要的是勇氣，不是資源

柏克（Howard Berke）是柯納卡公司（Konarka）共同創辦人兼董事長，這家光電公司利用新的化學技巧，靠著太陽能電池，把光變成電力。簡單的說，柯納卡公司跨越能源與化學兩種領域，就這點而言，創辦公司的人在能源業上都沒有經驗，應該不會讓人驚訝。柏克當然沒有能源業的經驗，另一位創辦人、就是獲得二〇〇〇年諾貝爾化學獎的席格（Allen

Heeger）也沒有。但是柏克對於失敗的太陽能公司多得不可思議，似乎一點也不擔心，豈不是有一點奇怪嗎？

柯納卡公司跟所有企業一樣，要面對產品賣不出去的風險，照柏克的說法，柯納卡公司也要面對「重大的科技風險」。換句話說，公司要冒著所採用的科技行不通的風險，柏克指出「但這不是停頓不前的原因，很多人因為害怕失敗，受到限制」，然後他很務實的補充說：「如果這家公司倒了……噢，那麼我就得再開另一家了。」

其實，聲音柔和、意志卻很堅定的柏克在創立柯納卡公司之前，創設了另一家公司。其實，從一九八〇年代初期開始，柏克創立或跟人合創了十二家公司，而且參與過更多的公司。連續創業家甚至還不足以道盡他的背景。我們談到這些公司結果如何時，他說：「我想想看，嗯，其中三家股票已經初次公開發行，因此我想你可以說這三家公司相當成功，另外三家可以說是小有成就，還有三家沒有什麼成就，有一家顯然令人失望，另外兩家嘛？其實現在還太早，還不能判斷。」柏克顯然對他談到的所有計畫都很熱中，他最喜歡的是公司規模很小，小到員工可以「分享大餅」。他的成績很可觀，原因可能是他善於在異場域碰撞上推動構想，也善於避開大部分人在異場域碰撞上碰到的陷阱。

「我創立的每家公司至少都跨越兩種產業，我們刻意採用這種策略，能夠創新就是靠這種策略。」這點起源於二十多年前ADAC實驗室公司，這家公司不是他創立的，但是他很早就加入。「我們供應診療用的數位造影設備。」今天這種東西並不新奇，但是當時卻很少人把這兩種東西結合在一起。從那時開始，他就喜歡跟不同學門的「天才在一起」。雖然這些人不是很了解怎麼把自己的構想，跟其他領域融會貫通，柏克卻很了解。「我不斷的問他們問題，這樣如何？那樣如何？我們遲早會找到行得通的東西。」他創設的公司從事的業務範圍很廣，包括醫療設備、醫療、生物科技、軟體、能源科技、通訊和一般的小餅乾，柏克說：「我對小餅乾一無所知，因此我做很多以前從來沒有做過的事情，這樣很刺激。」

他十分清楚在兩種領域異場域碰撞經營的風險。他說：「如果你能看出兩種產業融會貫通的地方，就可能成為新業的基礎，但是其中卻有風險，就是你的想法可能正確，卻可能太早，特定的領域可能有交集，但是要十年後才會出現。你踏進這種異場域碰撞，卻找不到任何同伴。」柏克不擔心這種風險，事實上，他似乎相當喜歡冒險，他認為，創立一家公司，卻經營現有企業已經在做的事情，這根本沒有道理，創新帶來的機會是推動他勇往邁進的動力，他說：「這樣你至少可以設法變成達到某種突破的創新企業。」

柏克是絕佳的例子，說明在異場域碰撞時應該怎麼發揮勇氣，但是你很快的就可以看出來，他可能做很多事情，但是沒有一件事跟降低風險有關。雖然你可能認為，資源越多，成功的機會越大，他卻認為，這樣有時候會使成功的機會降低。他推動跨領域構想或做任何事情時，似乎都不會盡量降低風險，你可能會驚訝的發現，你很可能也不會這樣做。

人不會降低風險，而是……

人有一種基本傾向，會接受某種水準的風險，這種水準因人而異，也會隨著人生不同的階段變化，但是所有的人都有一個自己覺得安心的水準。加拿大心理學家兼重要的風險管理專家衛爾德（Gerald Wilde）說，這種傾向叫做內在風險平衡。簡單的說，內在風險平衡的意思是人會因為在人生中的某個領域裡，冒比較高的風險，就在另一個領域中冒比較低的風險，以作為補償。

例如，想像你開車時，開到危險的連續彎路，路面狹窄，光線不好，你自然會放慢車速，應付新出現的危險。相反的，離開這段危險路面後，你碰到比較寬、比較直、比較明亮的路面時，會再度加速。這種行為型態非常合理，其實沒有什麼可以質疑的地方。但其實開車這種行為意味的是：完全憑直覺；這顯示我們即便努力降低身邊的風險，諸如把路修繕得安全一點，這種改善幾乎都沒有用，因為我們為了應付新局面——路面變好了，行為就立即會變得比較危險——開更快。

德國慕尼黑一個著名的研究得到的結論就是這樣，研究人員在一半的計程車上裝反鎖死煞車系統，另一半不裝，然後用隱藏的偵測器祕密觀察司機三年。反鎖死煞車系統的好處是車子的操控性能會大大的改善，在極度重踩煞車時，會預防車輪鎖死，煞車時也比較容易操控，因此你會認為，裝設這種煞車系統後車禍會減少，但實際上並非這樣。裝反鎖死煞車系統的司機車禍比率跟沒有裝的司機一樣，主要原因是他們車子開得更猛、煞車更重、加速更快、突然變換車道，而且轉彎更猛。

這點似乎有點違反直覺，內在風險平衡顯示，我們為了挽救人命所做的很多事情，實際上不能救人。衛爾德研究交通事故，是因為這種統計保存得很好，他也找到了他要找的同一型態。上過最高明、最先進駕駛補習班的駕駛人，跟只受過少許駕駛訓練的人相比，交通事故的數目還是一樣，因為不太會開車的人上路時，比較不會冒險。畫有斑馬線的行人穿越道無法降低行人穿越道上的車禍比率，好多份報告都斷定，原因很可能是行人穿越道讓行人有「一種虛假的安全感，認為汽車駕駛人無論如何都會停下來。」

我們都知道，綁安全帶在出車禍時，活命的機會會大為增加，但是安全帶最後能夠救人，完全是因為我們綁上安全帶時不改變駕駛行為。假設你駕車不綁安全帶，你會比較小心的開車嗎？大部分人會。這點當然好比是說我們綁安全帶時，開車比較不小心，研究也證明這個事實。我們無法預測內在風險平衡對我們的影響。例如，防止小孩打開瓶蓋的藥瓶推出時，造成小孩中毒的數字大為增加，因為父母親變得比較不小心，沒有注意把藥瓶放在小孩拿不到的地方。這點對處在異場域碰撞上的人有什麼影響？

資源不要太多

內在風險平衡說明在異場域碰撞上盡量降低風險的策略不可行，我們以為，更多的金錢、時間、經驗或比較好的關係，全都有助於我們實現跨領域構想。這些東西顯然都有幫助，卻不見得能夠降低失敗的風險，這些資源都可以幫助我們達成可以達成的目標，卻不能增加成功的機會，因為擁有越多資源後，我們會設法創造更大、更多成就。

換句話說，錢越多、花得越多，時間越多、行動越慢，經驗越多或關係越好，表示更依賴這些東西來達成目標。我們並非浪費時間、金錢或關係，而是用我們所擁有的資源，設法做更多事情，在設法做更多事情時，我們會慢慢的開始提高對失敗的風險估算，提高到自己在下意識中認為安心的水準為止。

從失敗的觀點來看，這點表示到最後，你決定什麼時候踏進異場域碰撞其實不很重要，只要拿到過得去的資源，也就是柏克所說「推動構想所需的最少資源」時，你就應該開始在異場域碰撞中探索，浪費時間沒有意義，爭取更多東西不會降低失敗的風險。以布蘭森為例，他認為他需要跟波音公司租一架飛機，一年的時間就足以讓他看出航空公司的構想行不行得通。他沒有經營航空公司的經驗，理論上，這一點會提高風險，但是他可以更努力來作為彌補，這樣會降低風險。要爭取你需要的資源（足夠你做幾次試驗），但是不要爭取太多。

太陽能與航空公司的祕密

如果說柏克與布蘭森善於面對恐懼，背後的原因不是盡量降低風險，那麼是什麼？他們是否只是不理會恐懼，奮力前進？似乎也不是這樣。如果你注意聽柏克和布蘭森說的話，就會發現他們不只是不理會失敗的恐懼而已，反而像是接受失敗，認為失敗是創新的一環，因此他們多少能夠擁抱失敗，到底是什麼讓他們能夠接受這種風險？

他們很特別，因為他們知道一種祕密，知道一種我在書裡不斷說明的祕密，就是如果你希望有一些革命性的創造，就要前往異場域的碰撞點。異場域碰撞是創新最好的地方，因為獨特的觀念組合會在異場域碰撞爆炸。尋找新觀念時，那裡有絕佳的數量優勢。換句話說，異場域碰撞代表風險低微、開創新局的構想。

布蘭森和柏克之類的人知道這一點，因此他們會避免與冒險有關又常見的人性陷阱，因為這些陷阱會阻止我們追求跨領域構想，鼓勵我們留在現有的領域中。布蘭森和柏克在異場域碰撞上，採取比較平衡的風險觀點。你也可以這樣做。

14 平衡的風險觀

炸死大象與流行病

人考慮風險時，並非十分理性，我們看待可能的損失和可能的收穫時，感情、尤其是恐懼會發揮很大的影響。如果想更了解人類心理的這個層面，應該了解布蘭森和柏克這樣的人在異場域碰撞面對風險時的行為。他們做了什麼事情，找到別人似乎找不到的勇氣？我們怎麼模仿這種做法？我們至少可以遵照兩種不同的策略：

- 避免跟風險有關的行為陷阱
- 承認風險和恐懼

避免三種行為陷阱

「你不能希望創造一種過度避免風險的環境」，惠普公司（Hewlett-Packard）前執行長菲奧莉納（Carly Fiorina）接受《財星》（*Fortune*）雜誌專訪時，告訴記者「因為企業就是冒險，是冒適度的風險、經過計算的風險，除非大家冒一些風險，否則企業不會出現。」

什麼才是經過計算的冒險方式？這個問題應該相當容易回答，如果你面對八成或五成賺到一萬美元的機會，你會怎麼選擇？答案很明顯，你應該會選賺錢機會比較高的賭博。基本上，經過計算的方法就是選獲勝機會（獲勝金額）最高的賭博，簡單吧？

對，理論上確實是這樣，但是真正的人生並非這樣進行。第一，成敗的機會經常難以精確計算，異場域碰撞的結果更不可能計算。第二，涉及的東西不只是金錢，還包括地位、幸福和名聲時，輸贏不是這麼容易界定。最後，即使我們考慮這些事情，我們面對風險和恐懼時，感情會破壞我們的抉擇。換句話說，即使我們十分清楚機會和結果，通常也會根據與恐懼有關的感情，做出不理性的決定，這種感情可能影響每一個人，即使我們知道感情在起作用，還是會受到感情影響。伯恩斯坦（Peter Bernstein，著有《馴服風險》〔*Against the Gods: The Remarkable Story of Risk*〕）曾舉出感情影響理性計算的例子。

二次世界大戰期間，某一個冬天晚上，德國又空襲莫斯科，一位著名的蘇聯統計學教授出現在當地的防空洞裡，他以前從來不進防空洞。他經常說：「莫斯科有七百萬人，為什麼我應該預期他們會炸中我？」他的朋友看到他大吃一驚，問他什麼事讓他改變主意，他解釋說，「噢，莫斯科有七百萬人，只有一隻大象，昨天晚上他們炸死了大象。」

這個故事裡的統計學家知道被炸中的機會微乎其微，但是因為前一天晚上發生了似乎不可能發生的事情，他的感情發揮的力量，超過他冷靜、理性的數字計算。因此，針對風險進行評估和反應時，似乎難以做出完全經過計算的方針。人的感情反覆無常，會害我們犯錯，這種感情使我們更難以在不同學科和文化的異場域碰撞機遇中創新。即使兩種方法的風險相同，反覆無常的感情會促使我們走向方向性創新，避開跨領域創新。

但是如果我們知道害怕失敗的恐懼從何而來，就可以對抗。要了解這種恐懼，必須深入探討人類心理矛盾中微妙而奇異的世界，知道在一個領域中有什麼東西會局限我們，我們應該怎麼做，才能得到平衡的風險觀。以下是我們要避免的行為：

陷阱一：一切順利，守在原地

假設你被迫做下列選擇：

你必須繳出三千美元稅款，或是賭冒八成的風險去繳交包括罰金在內的四千美元，但你有兩成的機會不必繳一分錢。

你會賭可能不必繳錢的機會嗎？大部分人會這樣做。在某一項實驗中，九二％的受訪者說，他們會賭要繳四千美元、但有可能不必繳錢的機會。但是你想想，這個賭博中計算出來的預期虧損是三千二百美元（4000美元×80%=3200美元），比保證無風險的損失還多二百美元，這點似乎很奇怪，違反大多數人會避免風險的一般看法。在這個情況裡，絕大多數人都歡迎風險，但是如果把問題顛倒過來，會有什麼結果？

你可以獲得三千美元獎金，或者換獎，你有八〇%的機會贏得四千美元，而同時一無所獲的風險是二〇%。

在這個價值顛倒的有趣情況中，大部分人選擇不賭博，八〇%的受訪者選擇穩當的現金。突然之間，我們從歡迎風險，變成避免風險，然而，這次賭博計算出來的預期收穫是三千二百美元，我們怎麼解釋這種逆轉的情況？

進行這些研究的心理學家卡尼曼（Daniel Kahneman）和崔佛斯基（Amos Tversky）發展出一種理論，叫做展望理論（prospect theory），說明他們的觀察。展望理論顯示，我們並不是這麼討厭不確定，而是害怕損失。我們不容易看出生活中有什麼情況能夠立刻改善，卻很容易看出有什麼情況可能迅速嚴重惡化，就像上述例子所顯示，這就是我們樂於賭博（充其量多賠一千），避免確定損失（有可能毫無所獲）的原因。損失比收穫更鮮明、更容易想像、更痛苦，因此我們害怕損失。

我們在實驗室之外，很容易看到對可能損失的不理性反應。股市是明顯的例子，一檔股票價值上漲時，我們可能賣掉，希望掌握利潤，但是這檔股票價值下跌時，我們比較可能緊抱，希望趨勢會逆轉。不只散戶投資人這樣，專家也一樣。問題是，如果我們只在可能損失時冒險，在可能有收穫時，以安全為上，長期而言，都會損失。

我有一個朋友，叫做馬丁（Martin），玩梭哈的經驗豐富，（通常）也是玩梭哈的常勝軍。我問他其中的訣竅，他告訴我：「贏牌跟判斷同桌的人或是猜測他們是不是在唬人，比較沒有關係，這樣做可能有幫助，卻不是贏牌的關鍵。贏牌的關鍵是保持嚴謹的紀律，有好牌時，一定要大賭，沒有好牌時要保持低調，因為重點是贏的時候要多贏一點，輸的時候要少輸一點。」馬丁觀察過無數次，發現別人在事情不順利時，冒比較大的風險下注，事情順利時，卻早早鎖定贏到的錢，長期而言，這種人一定會輸錢。

這點可以說明為什麼事情相當順利時，我們通常會固守在自己的領域中，不會冒險走向異場域碰撞，大部分人寧可輕鬆過日子，不願意冒著喪失既有成就的風險。控制自己小步向前進，確定獲得我們知道可以得到的利潤，讓人比較安心，而且通常也很適當。在某種領域中很有成就的科學家，可以靠著在這種領域中逐步推展，維持地位；在特定市場或產品中領先的公司，會盡可能的停留在這種市場中。如果我們浪費一定可以得到的收穫，會覺得自己像白癡一樣，這一切造成我們不願意嘗試跨領域構想，因為冒險會破壞我們現有的地位和安全感。

這種行為跟我們在事情不順利時的行動截然相反，我們通常在這種時刻，會冒真正的重大風險，樂意嘗試新的東西。例如其他方法都行不通時，一家公司可能嘗試激進的策略而因此倒閉，擔心遭到裁員的個人可能認為，這是嘗試新構想的機會。在某種領域中研究而資金耗盡的科學家也一樣，他們別無選擇，只能進入新領域，有時候會找到驚人的跨領域發現。

這一切的問題是，如果我們只有在事情不順利時，才願意冒險，追求跨領域構想，我們整體成功的機會將大大減損。這時我們通常短缺資源、關係、信用和時間，我們通常最沒有機會繼續推動，熬過失敗。因此，我們應該在一切順利時，設法創新，冒更多的風險，我們成功時，最有機會熬過失敗，要實現跨領域構想，這是必要的做法。

布蘭森和柏克都設法避免這種跟行為有關的陷阱，布蘭森在維京音樂公司（Virgin Music）表現相當優異時，創設航空公司，公司裡每個人想的都是在音樂領域中繼續努力，布蘭森卻看出嘗試真正不同事業的機會，也抓住了機會。柏克一樣如此，如果他現在經營的公司表現優異，他會離開這家公司，尋找另一個跨領域構想，他知道這時是他轉換領域、享受成就最好的機會。

陷阱二：費時愈多，愈是龜縮

假設你投資了一千萬美元，發展一種新的太陽能科技，卻沒有成果，你會再投資嗎？可能會，也可能不會，要看情況而定，但是答案跟已經投資的一千萬美元沒有關係，任何標準經濟學教科書都會告訴你，是否決定再投資應該根據未來的情況而定。經濟學家把已經花掉的錢叫做「沉沒成本」，因為已經投入的資金不見了，拿不回來，現在重要的是未來能夠得到什麼。例如你可能從最初的嘗試中，知道這種科技行不通，這樣再投資就毫無意義。或許你可能知道這種科技不但行得通，也是大家迫切需要的東西，這樣再投資就有道理。不管是哪一種情形，你已經投入的一千萬美元基本上不具意義。

在一種領域中耗費的時間適用同樣的原則，如果你在一種領域中，耗掉了很多年的時間，即使追求的東西已經失去價值，光是這麼多年的事實就可能促使你留在原地。一位朋友可能對你抱怨，說他不再喜歡自己的工作，「我在這個事業生涯中已經投入太多，這時離開根本不值得。」這種情形就像害怕損失一樣，是跟風險有關的另一種感情糾結。

如果我們已經大量投資，我們會認為我們應該繼續投資，但是事實上，不管我們談的是時間還是金錢，兩種東西都是沉沒成本，既然都收不回來，只有未來才重要。即使我們發現值得追求的好構想，這種感情陷阱會成為阻止我們跨進異場域碰撞的重大障礙，這種阻礙相當常見，難以避開。但只要我們知道自己的這種障礙，我們就會比較容易克服，讓自己能夠選擇繼續往異場域的碰撞點前進。柏克和布蘭森在創造活動方面，都展現出強大的感情，但是這種感情總是促使他們前進，他們過去的成就不會成為他們未來應該怎麼做的標準。

陷阱三：用方向性觀點，看異場域風險

假設你的社區裡，爆發可怕的疾病，你是負責採取行動的醫療策略專家，大家認定，有六百個人的生命遭到威脅，你可以選擇兩種疫苗中的一種，第一種疫苗一定會救活兩百個人，第二種疫苗還在實驗，結果不確定，有三三%的機會把六百人全部救活，卻有六七%的機會連一個人也救不活，你怎麼辦？

卡尼曼和崔佛斯基在研究中發現，大部分人會選擇救活兩百個人。現在，假設你必須在下列兩種方式中選擇一種，用第一種疫苗，六百人中的四百人會死亡，第二種疫苗還在實驗，結果不確定，有三三%的機會不會讓任何人死亡，有六七%的機會會造成每個人都死亡，你怎麼辦？

結果，在這種情況中，七八%的人回答願意試用還在實驗的疫苗。由於兩種情況說的事情完全一樣，只是用不同的方式表達，這種情況相當有趣。在第一個情況中，情形說成可以救活兩百個人，在第二種情況中，說成讓四百人死亡，看大家怎麼解讀「救活」和「死亡」

的字眼而定，冒險行為會產生重大變化。

這個著名的實驗顯示，大家經常深受一個特定問題表達方式的影響，用不同的表達方式，同一個人對相同的情況可能認為具有危險，也可能認為安全。卡尼曼與崔佛斯基指出，他們告訴受測者其中的矛盾時，受測者「通常覺得困惑，即使再度看這個問題，他們在救活這種情況中，仍然希望避免危險。」他們的研究告訴我們，從很多不同的觀點來看待任何風險狀況，這是有其道理的。

不幸的是，我們看待異場域碰撞的風險時，經常只從一種觀點、只從我們從事比較具有方向性領域時學到的觀點，看待異場域碰撞的風險。既有的領域中風險比較明確，我們知道風險是什麼。但是如果我們維持這種參考架構，評估異場域碰撞的構想，我們總是會得到「不確定性實在太高」的結論。如果我們從錯誤的參考架構去評估，連最好的跨領域構想風險似乎都太高，我們會說服自己，避開這種構想，因此，我們要怎麼克服這個問題？

我所碰到的人面對跨領域風險時，全都改變觀點。例如柏克把重心放在學習上，他說：「我生而貧窮，很可能也會窮困而死，但是在生死之間，我會努力學習，過得很快樂。」柏克希望了解新產業怎麼運作，希望成為新領域的先鋒，透過這種觀點，他追求跨領域構想時，風險似乎降低了很多，甚至變得十分安全。布蘭森重視做不同事情的樂趣，樂趣是他「經營事業最重要的標準」。今天他的策略是把維京公司的事業，跟各種不同的領域和產業交流互動，一開始時，他不知道某些事情是否行得通，但是如果其中有一些有趣的事情，基本上又能讓人覺得激勵，他所冒的是覺得厭煩的小小風險。

薩繆森另有一種看法，他說：「做一些不同的事情，做別人沒有做過的事情，是我成功唯一的機會。」如果他固守既有的烹飪領域，要創新會難多了。全錄的布朗指出，不管實際的構想是成是敗，如果不大幅增加未來的機會，幾乎不可能走出異場域碰撞、走出「不同學門之間的白色地帶」。因此探索跨領域構想總是會產生附帶的好處，使這種構想變成風險相當低的計畫。

這種改變觀點的問題還有另一種看法：異場域碰撞利用觀念組合的爆炸，釋出極大的創造力，如果你的目標是開創突破性的創新，這種觀念爆炸代表構想的金礦，不開始挖掘實在不正常。

承認自己恐懼

布蘭森的自傳裡記載了一次飛行，任何人看了都不可能不感動。這段飛行開始時，布蘭森計畫跟同事裴爾（Per），坐著一具熱氣球，從日本橫越太平洋，飛到美國。

裴爾在已經來不及的時候，告訴我他最擔心的事情，我們坐在飛機上，前往日本，他坦白承認沒有測試壓力艙中的活動艙，不能百分之百的肯定活動艙在四萬英尺的高空，能否安然無恙，如果在那種高度，一扇窗子破裂，我們應該有七、八秒時間，戴上氧氣面罩。

裴爾用他一貫含蓄的口氣說：「我們必須準備好氧氣面罩，當然，如果另一個人睡著了，醒著的人仍然必須在三秒鐘之內，戴上氧氣面罩，然後在三秒鐘之內，替另一個人戴好，有兩秒鐘尋找的時間。」

布蘭森為什麼要讓自己處在這種險境？他擁有一家航空公司，為什麼要坐著熱氣球飛越太平洋？這樣看來根本不正常。事實上，不到一百年前，心理分析師認定，像布蘭森這樣冒險的人是瘋子。布蘭森的看法當然不同。「我從來不認為自己會意外死亡，但是如果我死了，那麼我只能說我錯了，雙腳牢牢站在地上的頑固現實分子對了——但是至少我嘗試過。」這種態度可能看來像是騎士精神，但是從這句話和前面所說的飛行中，我們可以發現，有兩種重要工具可以克服恐懼：第一種是承認恐懼，第二種是承認人可能失敗。

你害怕時，身體會明顯地表現出來，心理對恐懼的反應也有人清楚的記載過，你看出危險的狀況時，血壓會升高、心跳會加速，嘴巴會乾，掌心會冒汗，血液會從胃之類不重要的地方流走，流到肌肉裡，讓你覺得緊張、覺得噁心。你變得極為警覺，腎上腺素極度提高，每一種感官都變得更敏銳，準備應付即將來臨的一切。

今天危險的性質已經改變，但是反應沒有改變，今天不會有獅子繞著你和小孩打轉，準備攻擊，你卻可能深夜坐在臥室裡，聽到廚房傳來奇異的聲音，你的身體在剎那之間會起反應，即使沒有迫切的實質危險，這種緊張的反應還是會出現。這種情形可以適用在做重要決定，例如辭職、改變公司的策略、向不輕信的人推銷你的構想，甚至像打銷售電話這麼簡單的事情。我們對風險的了解最後會化成這種恐懼的感覺，我們怎麼控制這種感覺？

對抗恐懼最有效的方法是承認恐懼，美國航空太空總署（NASA）研究太空之旅對太空人的影響時，注意到有些人會不斷地出現行動或壓力症狀，也就是太空總署認定的恐懼表徵，有些太空人卻不會這樣。太空總署認定，兩組太空人之間主要的差別是，第二組的人事先承認自己會害怕，第一組卻不承認。

承認恐懼代表什麼意義？意思是你必須認清其中涉及的利害關係，承認你可能失去可觀的利益，這點經常表示你必須覺得心安理得，知道如果你失去一切，仍然能夠繼續前進。伯恩斯坦說：「如果你把一切賭下去，如果事情變化跟你預期的不同時，你最好能夠收拾殘局。」這樣跟只接受一定程度失敗的風險不同，如果有人讓你賭五〇%的機會贏得三百美元或輸掉一百五十美元，你可能會賭。但是如果這個人給你同樣的機會，贏的話會贏得五十萬美元，輸的話會失去價值二十五萬美元的房子，你很可能會走開，雖然其中失敗的風險一樣，大部分人不能面對失去房子的風險。

我們並非總是逃得掉恐懼，卻可以管理恐懼，接受我們會害怕的事實，承認我們可能失敗，對我們努力之後的結果覺得心安理得，實際上就可以大大的接近實現跨領域構想的目標。換一句馬克吐溫（Mark Twain）的話來說，就是：「勇氣是抗拒恐懼、掌握恐懼，不是沒有恐懼。」

進入一個地方而改變一個世界

我們在情感上，都有反覆的地方，會促使我們走向方向性的創新，避開異場域碰撞。了解這一點，我們就可以用高明的方法對抗這種傾向。面對恐懼，這就是布蘭森和柏克所做的事情，我們也可以這樣做。

但是即使你知道自己的恐懼，這個建議也很難遵循。想一想薩斯坎（Larry Susskind）某一天告訴我的話，他是麻省理工學院教授，到哈佛法學院當訪問教授，他從來沒有拿過法學學位，卻專精談判，曾經到世界各國，為很多種產業協調大規模的紛爭。在他的事業中，薩斯坎經歷過眾多領域。他主修英語，拿的卻是都市計畫博士學位，結果在一家環境顧問公司裡擔任外部董事，也擔任過規劃顧問、談判顧問和政策分析師，曾經在中國、西班牙、日本和以色列工作過，這一切使他變成解決衝突方面最善於創新的領袖。某一天早上我問他，如果他固守一個既有的領域，避開異場域碰撞，他會不會有現在這種見識。

「嗯，不會，」他身體在椅子上往後一坐，承認：「我的確相信這種事，真的相信，最大的風險是不冒險。」他遲疑了一秒鐘，又說：「但是你必須向你愛的人，例如向你的小孩提建議時，應該怎麼辦？我不知道怎麼告訴我的小孩，我應該告訴他們，只要冒險、不要專業化、不要有終點嗎？我知道專業化會讓他們在人生中有優異的表現，因此我真的不知道，我不知道應該告訴他們什麼。」

我也不知道，答案要看情況而定，薩斯坎追求不同學門和文化的異場域碰撞，因此能夠開創新局，但是他的小孩最後會有同樣愛追求發現的傾向嗎？可能會，也可能不會，他們可能會在既有的領域中，設法改善世界，在這方面做的可能比任何人都好，他的小孩像所有的人一樣，最後必須自己決定。但是我的確知道，如果他們希望開創新局，進入異場域碰撞會找到最多的成功機會，今天尤其如此，想要改變世界，那裡的機會最大，我們應該進去。

15 踏進異場域碰撞

玻璃的梅迪奇效應

玻璃有一個迷思，說玻璃在常溫下是液態的，只是看來像固態的東西。但是如果我們有耐心，也有能力密切的觀察玻璃，應該可以看出玻璃實際上是緩緩流動的，像非常厚、非常黏的黏膠。這種迷思很可能起源於觀察到舊教堂窗戶的底部，似乎比頂端厚，這種迷思已經變成傳奇，連知識廣博的老師和父母都這樣教小孩，但是這一點不正確。

麻省理工學院的歐洛文（Egon Orowan）批評這種現象時說：「窗戶的一半玻璃底部比較厚，但是另一半頂端比較薄。」如果玻璃像這種迷思所說的慢速度流動，埃及古墓裡的玻璃瓶今天應該都變成了泥漿。但是我們很容易可以看出，為什麼這種都市傳奇會流傳。玻璃有一些神祕的地方，玻璃很清澈，加熱後，可以一再的塑造，玻璃可以散光，也可以聚光，可以協助我們看到非常遙遠的東西。玻璃的確具有讓人驚異的特性，但是大部分的特性都是人設計出來的，是千百年來創新的結果。

有人觀察到舊教堂窗戶的玻璃「流動」，其實是當時製造過程不平均的結果，今天玻璃設計創新的程度超過過去。例如看看一種叫做光學纖維的神奇玻璃產品，光纖是拉長的玻璃，像頭髮一樣細，可以在廣袤的大地上鋪設，近年來，光纖在世界每一個大陸的土地上大量鋪設。一端的鐳射每秒可以開關一百億次，發送巨量的資訊，經過單一的光纖，跨越整個大陸，一條像頭髮一樣細的玻璃線，可以同時傳輸五百萬通電話。

在玻璃的創新發明方面，有一家公司勝過世界任何公司，叫做康寧公司（Corning, Inc.），康寧公司在紐約州的蘇利文公園（Sullivan Park）設有實驗所，研究人員在這裡尋找玻璃的各種用途以及物理學、數學與化學基本原理的交集。在蘇利文公園的實驗所裡，研究人員每天都要進行一百多種跟玻璃有關的實驗，這棟建築裡的人，可以說是美國最善於創新發明的研究人員。

康寧公司創新發明的歷史源遠流長，公司從一百五十多年前創立時開始，就明顯影響人類的生活，康寧公司創造、生產了愛迪生所發明電燈泡用的玻璃球，生產的彩色映像管幾乎用在美國的每一台電視機上，康寧生產溫度計用的玻璃，也生產液晶面板的玻璃基板，牢牢掌控了這兩個市場。康寧的發明當中，利用最廣泛的可能是玻璃砂鍋盤子，這種產品以不裂牌（Pyrex）的品牌銷售，這種盤子可以直接從冰箱拿出來，放在爐火上，卻不會破裂。康寧當然也發明了光纖，為整個電訊事業熱潮奠定了基礎。換句話說，康寧是少數維持競爭優勢超過一百年的公司之一。

康寧公司怎麼這麼厲害，要是有人知道答案，這個人一定是玻璃研究部門的主任艾奇維麗雅（Lina Echeverria），她的部門是公司裡最受注意的單位，也是康寧未來成就所依賴的單位。艾奇維麗雅是哥倫比亞人，在德國做了幾年研究後來到美國。你看到她時，立刻會注意到她的個性堅強得讓人難以相信，她很樂觀，精力充沛，有說不完的故事。

她談起早年的生活，談到在哥倫比亞外海的一個島上研究火山熔岩時，聲音裡充滿了興奮之情。「這個島叫做妖魔島（Gorgona Island），皮薩羅（Pizarro，按：西班牙人，開啟了南美洲的西班牙征服時期，也是秘魯首都利瑪的建造者）的人馬來到這裡時，因為被蛇咬，損失了九〇％的手下，那裡到處都是毒蛇，我的研究夥伴停了幾天就離開了，他根本受不了。」但是蛇不是唯一罕見的研究狀況，她說：「除了蛇之外，整個島已經變成關罪犯的監牢，是最糟糕的罪犯，我的嚮導是一位犯人，因為他最了解這個島。」

還有一個武裝警衛陪著他，負責注意這位囚犯和毒蛇，「真的相當刺激。」

艾奇維麗雅幾乎做什麼事情都很熱心，她似乎刻意要確保每一個人也一樣，她說：「我希望康寧的研究人員擁有梵谷（van Gogh）的創造力，卻過著米開朗基羅（Michelangelo）的生活。」我問她她怎麼告訴研究人員，鼓勵他們進入不可知的領域，從事創新發明。「我告訴他們隨心率性，」她說：「你要隨心率性，做你有興趣的事情，做能夠讓你精神振奮的事情，熱情就是這樣來的，而且創意來自熱情。」

她鼓勵同事互動、分享和合作，希望他們想出或加入深感興趣的計畫，為了鼓勵意見交流，艾奇維麗雅甚至開闢了一間特別的「創意室」，讓大家可以討論心裡想到的東西。她說：「這樣就創造了一群可以當共鳴板的人。」大家經常需要指引，才能找到這種關係，艾奇維麗雅認為，把「正確的人放在正確的計畫上」是她工作中最重要的一部分。

她告訴我一個跟康寧公司理論物理學家艾倫（Doug Allen）有關的故事，艾倫大部分時間都坐在實驗所的角落裡，做量子力學的尖端研究。艾奇維麗雅認為，艾倫比表面上還更善於社交，因此請他做一件他從來沒有做過的事情，要他加入一個研究實際產品的小組。艾倫把知識帶進這個產品小組後，突然間，他的研究讓康寧公司大大降低成本，成效超過以往八年他所做過的任何事情。

這是康寧公司能夠維持競爭優勢這麼久的原因之一，康寧公司保持員工尋找新交集的熱情。隨著世界上交集的數目繼續增加，這種策略將來對康寧公司會大有好處。我們在書裡已經看過幾十個這樣的例子，也看過很多小組和個人在不同學門、文化、觀念和領域之間，尋找和發現異場域碰撞，他們踏進異場域碰撞後，會找到數量空前的創新機會，創造梅迪奇效應，這就是本書的主旨，除此之外，我還有什麼話要說嗎？

還有幾點，我希望讓你了解三個重點，這三個重點代表我啟發你尋找異場域碰撞的最後機會。

前途在異場域碰撞中，要找路進去

我在本書裡談到遊戲、導航系統、食物和太陽能公司，因為三種力量、包括人口流動、科學整合和計算能力躍進的推動，這些領域和無數其他領域的關係日漸密切。

例如，有一天我跟前麻州州長杜凱吉斯（Michael Dukakis）談話，他因為在一九八八年的總統大選中跟老布希（George Bush Sr.）競選總統而出名，但他名噪全美的功績要溯自他在麻州創設領先全美的健保系統。他指出，提供健保服務已經變成跨領域的問題，「你要面對不滿而且憤怒的醫師、健保組織、護士、保險公司、工會與員工、製藥公司與政府，但是我們提供健保服務的成本，卻是西方其他國家的兩倍。」他相信可以在這些領域的異場域碰撞中，找到解決之道。

對抗日益升高的全球恐怖主義也可以這樣，獨立籌資、在全球各地流動的小型恐怖分子團體挑戰標準的防衛策略。新成立的美國國土安全部希望整合二十一個不同的聯邦機構，包括移民局、海岸防衛隊與特勤局，進行反恐戰爭，如果這些機構能夠打破存在他們中間的障礙，或許我們可以看到處理恐怖威脅的創新方法。再看看全球暖化問題，包括化學家、海洋學家、生態學家和地質學家在內的所有科學家，全都一起努力，希望了解這個問題，預測全球暖化的影響。

恐怖主義威脅、健保危機與環境問題的解決之道都具有很多層次，不能輕易的納入什麼明確的領域中，但是比較不嚴重的挑戰，例如更好的時裝設計、產品創新和動畫電影的解決之道其實一樣。在每一個領域中，不管是科學、人文、企業或政治，不同的領域之間觀念的結合與組合需求日漸增加。這就是我們怎麼找到新機會、克服新挑戰，得到新觀點的方式，這就是我們創造未來的方式，未來繫於異場域碰撞，如果你希望協助創造未來，你要找到方法，進入異場域碰撞。

你的發現多半是你沒預料到的

每件事情或多或少都有關係，問題在於看出各種事情的關係，然後知道怎麼利用這種關係，本書提出很多方法，告訴你怎麼做。大部分建議可以簡化成一句話，就是：你的發現多半是你沒預料到的。如果你這樣做，你會開始從新觀點看這個世界。突然間，你會發現到處都是異場域碰撞，偶發性的談話、會議或計畫，會開始以奇異卻有趣的方式匯流。似乎無關的觀念會以你認為不可能的方式搭上關係。

誰會想到賈菲德到馬諾瑪瀑布時，會想到一個構想，把收藏品跟紙牌遊戲結合起來，這種結合竟然永遠改變遊戲世界？我認為沒有人能夠預測到，普羅史迪絲會在暴力預防和醫療之間找到關係，今天這種不同領域的交集似乎很明顯，但是並非總是如此。她在一個寒冷的一月某天深夜三點，在波士頓一家醫院的急診室裡，看到這種交集。有誰能夠想到電訊工程師柏納波跟昆蟲生態學家特勞拉斯見面時，最後能夠幫忙油罐車司機，在瑞士阿爾卑斯山區找路？大概沒有人會想到，不過你可能想到，他們的討論會產生意外的結果。

這就是跨領域構想的特質，如果你讓這種構想出現，這種構想就會出現，你可能不能十分確定什麼時候或什麼時間會出現這種構想，但是想到一種構想時，要做好準備，要準備大吃一驚，預期意料之外的發現。

異場域碰撞有邏輯，但不明顯

異場域碰撞具有意外的特質，因此變成不確定的領域，是未知的天地，過去的知識和經驗不能提供良好的指引。因此使我們看待世界的標準方式上下顛倒，我們習於選定一個目的地，然後朝目的地前進，這是常識，合乎邏輯，但是異場域碰撞是我們必須放棄很多舊觀念的地方，跨領域的構想自有邏輯，只是邏輯不明顯。

例如，明顯的邏輯告訴我們，推動方向性構想時，定出詳細的執行計畫、詳列預算合乎邏輯，在異場域碰撞上這樣做可能導致失敗，卻不是這麼明顯。明顯的邏輯告訴我們，推動方向性構想時，定出詳細、明確的獎勵結構有道理，在異場域碰撞上這樣做會自尋失敗，卻不是這麼明顯的道理。

似乎明顯的邏輯告訴我們，擁有更多資源，應該可以降低在異場域碰撞上失敗的風險；實際上，我們擁有越多資源，就會用越多，因此失敗的風險一樣高，卻不是這麼明顯的道理。我們可能發現專精一種領域，不會提高突破性創新的機會，覺得奇怪。但是如果我們踏進異場域碰撞，就會從只有二千四百種可用的觀念組合，增加到將近六百萬種，你怎麼跟這種情形競爭？

在不同文化、學科、觀念和領域異場域碰撞上發生的事情，並非都很明顯，但是你了解異場域碰撞的規則時，這種事情會開始變得有道理。

別怕跌倒才有大躍進

今天我們更有理由尋找異場域碰撞，因為不同的學科和文化結合速度愈來愈快，發生的頻率愈來愈多，在空前未有的地方出現。我們在本書裡，看到很多人利用這種力量的優勢，探索不同領域的異場域碰撞，我們會看到很多像他們這樣的人。

我們全都可以創造梅迪奇效應，因為我們全都可以踏進異場域碰撞，擁有開放的心胸、樂於探索專業領域之外的人，都可以掌握這種優勢，能夠打破障礙、維持士氣、熬過失敗的人都可以掌握這種優勢，我們全都可以這樣做。

我們大多的人都希望結合來自不同背景的構想與觀念，因此，為什麼不積極尋找這種關係？卻反而排斥異類、反對異見？我寫這本書時，見過很多在自己有興趣的一個領域中努力，同時卻對另一個領域深感興趣的人。在非營利領域努力的人，可能希望把自己的構想，用在追求利潤的行業中，另一個人則可能希望結合兩種不同的文化。他們會說：「如果我能夠找出方法，結合這些領域，把不同的東西匯集起來，那麼我就可以想出令人深感興趣的新東西。」他們的想法正確無誤。

在我們的世界裡，把海膽跟棒棒糖結合，把吉他重複的曲調跟豎琴獨奏結合，把唱片跟航空公司結合，現在看來都確實有道理；在我們的世界裡，蜘蛛和山羊奶的確產生了共通的地方；一個人今天可以創設太陽電池公司，明天又可以創立餅乾公司。就像十五世紀佛羅倫斯有創意的人一樣，這就是我們開創新局、創新發明的方法。

從某方面來說，世界就像巨大的彼得餐廳一樣，來自世界各個港口的船員在這裡小歇，喝一杯啤酒，談談話，交換和組合各種構想。世界緊密相關，這種關係在一個地方、一個叫做異場域碰撞點的地方形成。

我們所要做的就是找到這個地方，大膽的走進去。

國家圖書館出版品預行編目資料

梅迪奇效應：跨界思考的技術，改變世界的力量（2018年經典修訂版）/ 法蘭斯．約翰森（Frans Johansson）著；劉真如譯. -- 三版. -- 臺北市：商周出版：家庭傳媒城邦分公司發行, 2018.07
面；　公分. --（新商業周刊叢書；BW0682）
譯自：The Medici Effect : What Elephants and Epidemics Can Teach Us About Innovation
ISBN 978-986-477-485-2（平裝）

1. 企業管理 2. 創造性思考 3. 創造力

494.1　　107009171

新商業周刊叢書　BW0682

梅迪奇效應

跨界思考的技術，改變世界的力量（2018年經典修訂版）

原文書名／The Medici Effect: What Elephants and Epidemics Can Teach Us About Innovation
作　　者／法蘭斯・約翰森（Frans Johansson）
譯　　者／劉真如
文字校對／吳淑芳
責任編輯／賴譽夫、鄭凱達
版　　權／黃淑敏
行銷業務／周佑潔、莊英傑、黃崇華、王瑜

總 編 輯／陳美靜
總 經 理／彭之琬
事業群總經理／黃淑貞
發 行 人／何飛鵬
法律顧問／元禾法律事務所 王子文律師
出　　版／商周出版
台北市中山區民生東路二段141號9樓
電話：(02) 2500-7008 傳真：(02) 2500-7759
E-mail：bwp.service@cite.com.tw
Blog：http://bwp25007008.pixnet.net/blog
發　　行／英屬蓋曼群島商家庭傳媒股份有限公司城邦分公司
台北市中山區民生東路二段141號2樓
書虫客服服務專線：(02)2500-7718・(02)2500-7719
24小時傳真服務：(02)2500-1990・(02)2500-1991
服務時間：週一至週五09:30-12:00・13:30-17:00
郵撥帳號：19863813　戶名：書虫股份有限公司
讀者服務信箱E-mail：service@readingclub.com.tw
歡迎光臨城邦讀書花園　網址：www.cite.com.tw
香港發行所／城邦（香港）出版集團有限公司
香港灣仔駱克道193號東超商業中心1樓
Email：hkcite@biznetvigator.com
電話：(852)2508-6231　傳真：(852)2578-9337
馬新發行所／城邦（馬新）出版集團 【Cite (M) Sdn. Bhd.】
41, Jalan Radin Anum, Bandar Baru Sri Petaling,
57000 Kuala Lumpur, Malaysia
電話：(603)90578822　傳真：(603)90576622
Email：cite@cite.com.my

封面設計／黃聖文　內文設計排版／唯翔工作室　印　　刷／韋懋實業有限公司
總 經 銷／聯合發行股份有限公司　電話：(02)2917-8022　傳真：(02)2911-0053
地址：新北市231新店區寶橋路235巷6弄6號2樓

■ 2018年7月5日三版1刷　Printed in Taiwan
■ 2023年10月24日三版2.1刷

ISBN　978-986-477-485-2

城邦讀書花園
www.cite.com.tw

定價／350元　